果树丰产栽培技术丛书

PUTAO YOUZHI
FENGCHAN
ZAIPEI
SHIYONG
JISHU

葡萄

优质丰产

栽培实用技术

陈敬谊　主编

化学工业出版社

·北京·

图书在版编目（CIP）数据

葡萄优质丰产栽培实用技术/陈敬谊主编 . —北京：
化学工业出版社，2016.1（2025.5 重印）
（果树丰产栽培技术丛书）
ISBN 978-7-122-25663-8

Ⅰ. ①葡… Ⅱ. ①陈… Ⅲ. ①葡萄栽培 Ⅳ. ①S663.1

中国版本图书馆 CIP 数据核字（2015）第 270948 号

责任编辑：邵桂林　　　　　　　　文字编辑：李　瑾
责任校对：王素芹　　　　　　　　装帧设计：孙远博

出版发行：化学工业出版社（北京市东城区青年湖南街 13 号　邮政编码 100011）
印　　装：北京科印技术咨询服务有限公司数码印刷分部
850mm×1168mm　1/32　印张 6¾　字数 182 千字
2025 年 5 月北京第 1 版第 10 次印刷

购书咨询：010-64518888　　　　　　售后服务：010-64518899
网　　址：http://www.cip.com.cn
凡购买本书，如有缺损质量问题，本社销售中心负责调换。

本书编写人员

主编 陈敬谊

编者 陈敬谊　张喜焕　李臧旭

前　言

　　葡萄栽培管理技术的高低直接影响葡萄园的经济效益。现代农业的大背景下，在果树栽培管理生产中，已经不能仅关注果品的产量，更应注重果品的质量，这样才能满足市场需求，创造出高的经济效益，因此需要有现代的、先进的果树栽培和管理技术作后盾。同时随着国家现代新型农业产业体系的建设，越来越多的人加入到现代农业的经营与管理的行列中，尤其各地新建各种大型农业园区、葡萄园区等的发展势头强劲，因而葡萄的优质、高效、丰产栽培与管理技术是相关从业者必须掌握的关键技术。

　　本书对葡萄的生产现状与发展趋势、葡萄优良品种的特性与品种选择、葡萄育苗技术、葡萄园建园技术、葡萄树的营养与土肥水管理、葡萄树的整形修剪、花果管理与其他管理、葡萄病虫害防治技术等内容进行了详细的介绍，以便使葡萄的种植及管理人员、相关技术服务人员能够全面、详尽地掌握葡萄优质丰产的现代栽培技术。

　　本书结合笔者多年生产一线的实践经验，根据葡萄栽培管理中的实际需求，力求介绍生产中最实用的先进技术，介绍生产新动向，使内容贴近实际，解决果农在生产中遇到的实际问题，以服务于现代农业大背景下的葡萄产业的发展需求。

　　本书在编写过程中，参阅了一些专家、学者的研究成果及相关书刊资料，在此表示真诚的谢意。

　　由于水平有限，加之时间仓促，书中疏漏之处在所难免，敬请广大读者批评指正。

编者

2016 年 1 月

目录 contents

第一章 葡萄栽培的经济意义

葡萄是世界性果树树种之一，属于温带落叶果树，栽培面积广泛，遍及全世界。

一、果实营养价值高

葡萄含有丰富的糖、矿物质、有机酸，还有人体生长发育必不可少的氨基酸等。

二、用途广泛

除供应市场鲜食外，还可以酿造优质葡萄酒、晒成葡萄干，做成果冻、罐头。

三、结果早、产量高、结果年限长

葡萄的夏芽具有早熟性，在良好的肥水条件下进行精心管理，定植后 2～3 年即可进入大量结果期。同时由于隐芽多而且寿命长，葡萄不仅丰产而且长寿。一般经济寿命约为 50 年，也有更长的，昌黎凤凰铺大队一株 150 年生龙眼葡萄蔓长 20 多米，结果 2000 多千克，占地 0.7 亩❶。

四、适应性较强

耐干旱、瘠薄、耐涝、耐盐碱，适应性较强，既可栽在肥沃的平地，又可在沙地、河滩地、缓坡地、微酸性土壤、微碱性土壤上栽植。条件差的土壤如盐碱土、黏土经过改良后，葡萄也能正常生长结果。像河北怀来、宣化、唐山、秦皇岛、新疆吐鲁番都是葡萄

---

❶ 1 亩＝667 米²，全书余同。

的著名产区。

五、繁殖苗木容易

葡萄与其他果树相比，既可扦插繁殖、压条繁殖，又可嫁接繁殖和播种繁殖，并且繁殖材料丰富，方法简单，成活率高，便于大量育苗。

六、需要架材，建园一次性投资较大

葡萄需要立架，建园后不及时设架，则达不到早结果、早丰产及获得良好经济效益的目的。一般每亩葡萄需要架材投资 1500～2000 元左右。

七、供应市场时间长、经济效益高

由于解决了贮藏中的保鲜问题，基本满足周年供应。另外葡萄进行温室、大棚栽培，可提早到春天鲜果上市，使果农获得丰厚的经济收入，是高效农业的一个典型范例。

第一节　国内外栽培历史及概况

人类利用和栽培葡萄的历史悠久。考古研究表明，早在5000～7000 年前，在古埃及、底格里斯河和幼发拉底河流域、外高加索、中亚细亚等地即有葡萄栽培。里海、黑海和地中海沿岸国家是世界葡萄栽培和酿酒最古老的中心地区。葡萄栽培遍及世界五大洲。目前欧洲是葡萄的集中产区，如意大利、法国、俄罗斯、土耳其。另外美国、阿根廷的葡萄总产量也很高。

据文献记载，我国是在汉武帝时从中亚细亚（西域）引入葡萄栽培的，至今已有 2000 多年的栽培历史。我国的葡萄生产及发展较落后，与世界发达国家相比有很大差距。改革开放后，通过不断选种、育种、引种，科学管理，使葡萄栽培面积、产量、品质都有了很大提高。目前我国选育出了很多优良品种，也从国外引进了一些优良品种，极大丰富了我国的品种资源。

我国著名的葡萄产区有新疆吐鲁番、山东、河北、辽宁、河南、山西、陕西等地，近年来南方各省葡萄生产发展速度也很快。

第二节 存在问题及发展趋势

一、存在问题

生产中存在葡萄主栽品种较单一，管理较粗放，单位面积产量较低，重产量、轻质量等问题。

二、发展趋势

1. 市场对有核品种的需求趋势为大粒、优质、色美的品种

如红地球等大粒优质的品种在一定时期内会有大发展，同时一些品质差的中小粒品种和大粒品种将逐步缩小栽培面积，甚至被淘汰。

2. 优质无核品种将有大发展

从国际水果市场来看，对无核葡萄的要求越来越多，价格也高。近年来，我国从国外引入的优质无核品种如无核白鸡心等在市场深受欢迎。

3. 葡萄品种结构有变化

过去，我国葡萄栽培以中熟品种为主，约占90％，早熟和晚熟品种只占10％左右，并且主栽品种巨峰、龙眼等品质较差，受欢迎程度降低。

将来葡萄品种的结构将出现早、中、晚熟品种合理搭配的局面。其中早熟品种将占10％～15％，中熟品种将下降到60％～70％，晚熟品种将达到15％～30％。

4. 酿造加工品种有大发展

世界上的葡萄85％用于加工，5％用于制干，只有10％用于鲜食。而我国生产的葡萄绝大多数用于鲜食，占85％以上，加工和制干用葡萄只占10％～15％，与国际市场相差甚远。随着人民生活水平的提高，我国酿造加工业将上一个新台阶，酿造加工品种的发展势在必行。

5. 栽培新技术逐步普及

葡萄栽培新技术如密植丰产新技术、有核品种无核化技术、提早着色和提高品质技术、果穗整形技术等将逐步在生产上得到普及应用。

6. 葡萄设施栽培迅速发展

设施内葡萄生长不受自然气候限制，可人为创造小气候，提早或延迟果实采收，解决淡季鲜果供应，并可进行多层次立体栽培，经济效益高，一般每年每公顷可创造 30 万元以上的产值，在生长季短的北方地区深受人们的欢迎，设施栽培会有大的发展。

第二章　品　种

第一节　鲜食有核葡萄品种

一、早熟品种

（1）90-1　欧亚种，河南科技大学园艺研究所选育，属极早熟葡萄新品种。果穗圆锥形，带有副穗，果穗中大，平均果穗重 500克，最大达 1100 克，果粒着生中密。果粒近圆形，粉红色，未成熟果具 3～4 道纵向浅沟纹，果粒较大，平均单粒重 7.0～9.0 克。果皮中厚，有清淡香味，可溶性固形物含量 13.0%～14.0%。每果粒含种子 2～4 粒，种子与果肉、果皮与果肉易分离。

树势较强，萌芽率高，平均萌芽率 71.61%，平均结果枝率52.30%，每一果枝上平均花序数 1.84 个。不易落粒，早果、丰产性均好。在河南省洛阳地区 4 月中旬萌芽，5 月中旬开花，6 月中旬果实着色，6 月下旬成熟。从萌芽至果实成熟 70 天，果实发育期仅 35 天，属极早熟葡萄品种。

（2）洛浦早生　欧美杂种，河南科技大学园艺研究所选育。果穗圆锥形，紧凑。平均果穗重 456 克，最大达 1060 克。果粒短椭圆形，果皮紫红至紫黑色，平均单粒重 11.7 克。果粉厚，果肉软而多汁，味酸甜，稍有草莓香味。可溶性固性物含量 13.8%～16.3%。每果粒含种子 2～3 粒。

生长势较强，芽眼萌发率高，枝条成熟较早，隐芽萌发力中等。结果枝率为 66.8%。每果枝平均着生 1.65 个花序，副梢结实率中等。不脱粒，耐贮运。丰产，抗炭疽病、白腐病、黑痘病。在洛阳地区 4 月上旬萌芽，5 月中旬开花，6 月底至 7 月初成熟，从萌芽至成熟 90 天，浆果发育期 45 天。

(3) 87-1　欧亚种，发现于辽宁省鞍山市。果穗宽圆锥形，有歧肩或副穗，果穗大，平均果穗重 550 克，果粒着生紧密。果粒长卵圆形，平均单粒重 5.5 克。果皮紫红色，果肉脆，味甜，有浓厚的玫瑰香味，可溶性固形物含量 15.0%～16.0%。

植株生长势中等，结果能力较强。结果枝率 86%，每果枝平均着生 1.6 个果穗，在北京地区 4 月上旬萌芽，5 月中旬开花，7 月底果实成熟。

(4) 兴华 1 号欧亚种　日本选育。果穗大，呈圆锥形，平均果穗重 650 克，最大达 1500 克。果粒呈长椭圆形，平均单粒重 9.0～12.0 克。果皮红色至紫红色，果肉较柔软，味甜爽，有清香味，可溶性固形物含量 18.0%～19.0%。

植株生长健壮，结果枝率高，每果枝平均着生花序 1.3 个。丰产，抗病性较强。在北京地区 4 月上中旬萌芽，5 月下旬开花，7 月下旬果实成熟。

(5) 郑州早玉　欧亚种，中国农业科学院郑州果树研究所选育。果穗较大，圆锥形，平均果穗重 437 克，果粒着生中密。果粒长椭圆形，平均单粒重 7.0 克。果皮绿黄色，果肉甜脆，略有玫瑰香味，可溶性固形物含量 16.0%。

植株生长势中等。结果枝率 70.5%，每果枝平均着生 1.2 个花序，副梢结实能力强，早果性好，丰产。在郑州 4 月上旬萌芽，5 月中旬开花，7 月中旬果实成熟。果实成熟期遇雨易造成裂果。

(6) 红旗特早玫瑰　欧亚种，山东平度市红旗园艺场从玫瑰香中选育的芽变品种。果穗较大，圆锥形，有副穗，平均果穗重 550 克，最大穗重可达 1500 克，果粒着生较紧密。果粒圆形，平均单粒重 7.0～8.0 克。果皮紫红色，具有玫瑰香味，可溶性固形物含量 17.0%。

植株生长势中等。结果枝率 68.0%，每果枝平均着生 1.6 个果穗，副梢结实能力强，丰产。在山东平度地区 4 月上旬萌芽，5 月下旬开花，7 月初果实成熟。果实成熟期遇雨易造成裂果。

(7) 京秀　欧亚种，中国科学院北京植物园育成。果穗圆锥形，平均果穗重 400～500 克，最大穗重可达 1000 克。果粒着生较紧密，果粒椭圆形，平均单粒重 5.0～6.0 克。果皮玫瑰红色或鲜紫红色，肉脆味甜，可溶性固形物含量 15.0%～17.5%。

植株生长势较强。结果枝率中等。在北京地区 4 月上中旬萌芽，5 月中下旬开花，8 月初果实成熟。

（8）京亚 欧美杂种，中国科学院北京植物园选育。果穗圆锥形或圆柱形，平均果穗重 480 克，最大穗重可达 650 克，果粒着生较紧密，果粒大且均匀。果粒短椭圆形，平均单粒重 9.5 克，最大粒重 15 克。果皮紫黑色，果粉厚，果肉较软、汁多，可溶性固形物含量 15.0%。味偏酸，略有草莓香味。

树势中等，结果枝率占总芽眼数的 55%，每果枝平均着生 1.6 个花序。在北京地区 4 月上旬萌芽，5 月中下旬开花，8 月上旬果实成熟。抗病性强。

（9）红双味 欧美杂种，山东省酿酒葡萄科学研究所选育。果穗中大，圆锥形，有歧肩、副穗，平均果穗重 506 克，最大穗重 608 克，果粒着生中密。果粒中等大，椭圆形，平均单粒重 5.0 克。果皮紫红或紫黑色，果肉软、多汁，可溶性固形物含量 16.5%。香味浓郁，具有香蕉味和玫瑰香味，故称双味葡萄。

树势中等，结果枝率中等，每果枝平均着生 1.5 个花序，副梢结实能力强。在山东济南地区 4 月初萌芽，5 月中旬开花，7 月上中旬果实成熟。抗病性强，土壤适应性强。

（10）紫珍香 欧美杂种，辽宁省农业科学院园艺研究所选育。果穗圆锥形，平均果穗重 450 克，果粒着生中密。果粒大，长卵圆形，平均单粒重 10 克左右。果皮紫黑色，果肉软、多汁，可溶性固形物含量 14.5%～16.0%。具有玫瑰香味。

植株生长旺盛，结果枝率为 76%，每果枝平均着生 1.56 个花序，副梢结实能力中等。在辽宁沈阳地区 5 月初萌芽，6 月上旬开花，8 月中下旬果实成熟。抗病性强。

（11）户太 8 号 欧美杂种，陕西西安葡萄研究所选育。果穗大，圆锥形，平均果穗重 700 克左右，带副穗。果粒圆形，果粒大，平均单粒重 10.4 克左右。果皮紫黑色，果肉细脆，可溶性固形物含量 17.3%。具有玫瑰香味。

植株生长旺盛，一年多次结果的特点突出。在陕西西安地区 4 月初萌芽，5 月中旬开花，7 月中旬果实成熟。

二、中熟品种

（1）**玫瑰香**　欧亚种，英国选育。果穗较大，圆锥形，平均果穗重 350 克，果粒着生疏散或中等紧密。果粒椭圆形或卵圆形，平均单粒重 4.5 克。果皮黑紫色或紫红色，具有浓郁的玫瑰香味，可溶性固形物含量 18.0%～20.0%。

植株生长中等。结果枝率 75.0%，每果枝平均着生 1.5 个果穗，副梢结实能力强，丰产。在北京地区 4 月上旬萌芽，5 月下旬开花，8 月下旬至 9 月上旬果实成熟。

（2）**里扎马特**　欧亚种，前苏联选育，我国先后从前苏联和日本引入，目前全国各地均有栽培。果穗特大，圆锥形，果穗稍松散，平均果穗重 850 克，最大穗重可达 2500 克。果粒长椭圆形，平均单粒重 12.0 克，最大粒重 20.0 克左右，有时果粒大小不太整齐。果皮鲜红色至紫红色，清香味甜，可溶性固形物含量 14.0%～16.0%。

树势极旺，结果枝率 45.0%，每果枝平均着生 1.13 个果穗，副梢结实能力弱。在华北地区 4 月上旬萌芽，5 月下旬开花，8 月中旬果实成熟。采收后果实不耐贮藏和运输。

（3）**大粒玫瑰香**　欧亚种，山东平度市发现的玫瑰香芽变。果穗中大，双歧肩、圆锥形，平均果穗重 430 克。果粒大，椭圆形，平均单粒重 6.5 克。果皮紫红色，具麝香味，可溶性固形物含量 15.0%～18.5%。

植株生长势强，每果枝平均着生 1.4 个果穗。在山东平度地区 4 月中旬萌芽，5 月底至 6 月初开花，8 月下旬果实成熟。

（4）**香妃**　欧亚种，北京市农林科学院林业果树研究所选育。果穗较大，短圆锥形，带副穗，平均果穗重 322 克。果粒大，近圆形，平均单粒重 7.6 克。果皮绿黄色，果肉硬脆，有浓郁的玫瑰香味，可溶性固形物含量 14.3%。

树势中等，结果枝率 61.5%，每果枝平均着生 1.82 个果穗。在北京地区 4 月中旬萌芽，5 月下旬开花，8 月上旬果实成熟。

（5）**京优**　欧美杂种，中国科学院北京植物园选育。果穗大，圆锥形，平均果穗重 566 克，最大穗重 850 克，果粒着生稍紧密。果粒大，近圆形或卵圆形，平均单粒重 10.5 克。果皮红紫色，肉厚而脆、味甜，可溶性固形物含量 15.5％左右。

植株生长势较强，结果枝率为 54％，每果枝平均着生 1.4 个花序，副梢结实能力中等。在北京地区 4 月上旬萌芽，5 月下旬开花，8 月中旬果实成熟。抗寒、抗旱力强。

（6）巨峰　欧美杂种，日本选育。果穗大，圆锥形，平均果穗重 450 克，果粒着生稍疏松或紧密。果粒大，近圆形或椭圆形，平均单粒重 9.0 克。果皮厚，紫黑色，肉质软，有肉囊，味酸甜，可溶性固形物含量 16.0％左右。有明显的草莓香味。

植株生长势强，结果枝率为 57％，副梢结实能力中等。在黄河中下游地区 3 月底萌芽，5 月下旬开花，8 月中旬果实成熟。适应性强。

（7）黑奥林　欧美杂种，日本选育。果穗中大，圆锥形，平均果穗重 500 克，最大果穗重 785 克。果粒着生较紧密，近圆形，平均单粒重 10 克。果皮黑紫色，果粉中厚，肉质稍脆，果汁多，有草莓香味，可溶性固形物含量 14.0％～16.0％。

树势旺盛，结实力强，结果枝率高、为 75％，每果枝平均着生 1.3 个花序，副梢结实力一般，产量高。在陕西关中地区 4 月上旬萌芽，5 月中旬开花，8 月中旬果实成熟。适应性强。

（8）藤稔　欧美杂种，日本选育。果穗呈圆锥形，穗大，平均果穗重 600 克。果粒极大，平均单粒重 15 克左右。果皮暗紫红色，肉质较致密，果汁多，可溶性固形物含量 15.0％～17.0％。

植株生长势较强，结果枝率为 70％，每果枝平均着生 1.6 个花序。在北京地区 4 月上旬萌芽，5 月下旬开花，8 月下旬果实成熟。适应性强。

（9）先锋　欧美杂种，日本选育。果穗圆锥形，中等大小，平均果穗重 389 克，最大可达 650 克。果粒着生中等紧密。果粒圆形，平均单粒重 10.0 克。果皮黑紫色，果肉脆，果汁多，味酸甜，可溶性固形物含量 16.0％。微有草莓香味。

植株生长势中等，结果枝率为 54％，每果枝平均着生 1.5 个花序。在上海地区 3 月下旬萌芽，5 月中下旬开花，8 月中下旬果实成熟。抗黑痘病能力较强。

（10）高墨　欧美杂种，日本选育。果穗圆锥形，中等大小，平均果穗重 375 克。果粒椭圆形，平均单粒重 10.0 克。果皮紫红色，果肉较软，果汁多，味酸甜，有草莓香味。可溶性固形物含量 15.0%。

植株生长势旺，结果枝率为 60%，每果枝平均着生 1.5 个花序。在上海地区 3 月下旬萌芽，5 月中旬开花，8 月中旬果实成熟。抗病性强，耐潮湿。

(11) 峰后　欧美杂种，北京市农林科学院林业果树研究所选育。果穗较大，短圆锥形或圆柱形，平均果穗重 418 克，果粒着生中等紧密。果粒短椭圆形，平均单粒重 12.8。果皮紫红色，果肉较硬，有草莓香味。可溶性固形物含量 17.8%。

植株生长势旺，结果枝率为 50.8%，每果枝平均着生 1.5 个花序。在北京地区 4 月中旬萌芽，5 月底开花，9 月初果实成熟。

(12) 高妻　欧美杂种，日本选育。果穗大，圆锥形，平均果穗重 600 克。果粒特大，短椭圆形，平均单粒重 15.0 克，果粒着生紧密。果皮紫黑色，草莓香味浓郁。可溶性固形物含量 18%～21%。不裂果，耐贮运。

植株生长势一般，结果枝率为 55%，每果枝平均着生 1.5 个花序。副梢结实力弱，结果早，丰产。在山东济南地区 4 月上旬萌芽，5 月中下旬开花，8 月下旬果实成熟。

三、晚熟品种

(1) 美人指　欧亚种，日本选育。果穗中大，圆锥形，无副穗，平均果穗重 580 克，最大穗重可达 1850 克。果粒长椭圆形，平均单粒重 10.0 克。果粒先端果皮鲜红色，基部稍淡，如美女手指。果肉脆甜，无香味，可溶性固形物含量 16.0%～19.0%。

生长势旺，成枝率高，结果枝率中等，每果枝平均着生 1.1 个果穗。在华北地区 4 月中旬萌芽，5 月下旬开花，9 月下旬果实成熟。果实耐贮性好，抗病性较弱，枝条成熟较晚。

(2) 红地球　欧亚种，美国选育，又名红提、晚红。果穗极大，长圆锥形，果穗松散或较紧凑，平均果穗重 600 克。果粒圆形或卵圆形，平均单粒重 12.0～14.0 克。果皮鲜红色或暗紫红色。果肉硬脆，味甜，可溶性固形物含量 17.0%。

树势较强，结果枝率为 70%，每果枝平均着生 1.3 个果穗。

在北京地区 4 月上旬萌芽，5 月下旬开花，9 月下旬果实成熟。果实耐贮性好，抗病性较弱，枝条成熟较晚。

（3）圣诞玫瑰 欧亚种，美国选育，又名秋红、圣诞红。果穗大，长圆锥形，平均果穗重 800 克。果粒大，长椭圆形，平均单粒重 7.5 克。果皮紫红色。果肉硬脆，味甜，可溶性固形物含量 17.0%。

树势强，结果枝率为 78%，每果枝平均着生 1.4 个果穗。在华北地区 4 月上旬萌芽，5 月下旬开花，9 月下旬至 10 月初果实成熟，果实耐贮运。

（4）意大利 欧亚种，意大利选育，又名意大利亚，是欧洲各国栽培的主要晚熟鲜食品种。果穗大，圆锥形，平均果穗重约 8309，果粒着生中等紧密。果粒大、椭圆形，平均单粒重 6.8 克，黄绿色。果皮中厚，果肉肥厚，味酸甜，充分成熟后有玫瑰香味。

树势中强，结果枝率占总芽眼数的 15%，每果枝平均着生 1.3 个花序。在北京地区 4 月中旬萌芽，5 月下旬开花，9 月下旬果实成熟。丰产、穗大、粒大、外形美观。果实耐贮运，是优良的晚熟鲜食良种。抗白腐病、炭疽病能力中等。

（5）瑞必尔 欧亚种，美国选育，又名美国黑提。果穗中大，圆锥形或带副穗，平均果穗重 720 克，果粒着生中密。果粒近圆形或长圆形，平均单粒重 6.5 克。果皮紫红色至紫黑色。果肉脆，味酸甜爽口，可溶性固形物含量 16.0%。

树势中强，结果枝率高，每果枝平均着生 1.4 个花序。在华北地区 4 月上旬萌芽，5 月下旬开花，9 月下旬果实成熟。抗病、抗寒力较强。极耐贮运。

（6）黑大粒 欧亚种，美国选育，又名美国黑提。果穗圆锥形，平均果穗重 700 克，最大可达 1500～2000 克，果粒着生紧密。果粒圆形，平均单粒重 8.0～10.0 克。果皮紫黑色。果肉较硬，酸甜适口，可溶性固形物含量 16.0%～18.0%。

树势较强，结果枝率高，每果枝平均着生 1.3 个花序。在河北地区 5 月初萌芽，6 月上旬开花，9 月中旬果实成熟。抗病力较差。耐贮运。

（7）红意大利 欧亚种，巴西选育，又名奥山红宝石。果穗大，圆锥形，平均果穗重 490 克，果粒着生中等紧密。果粒椭圆形或短椭圆形，平均单粒重 7.5 克，果皮鲜红或紫红色。果皮薄，果肉具玫瑰香味。可溶性固形物含量 17.0%。

树势较旺，结果枝率占总芽眼数的 66%，每果枝平均着生 1.3 个花序。在北京地区 4 月中旬萌芽，5 月下旬开花，9 月底至 10 月初果实成熟。抗白腐病、炭疽病能力中等，叶片易感霜霉病。枝条抗寒性较差。属极晚熟品种。

（8）黑玫瑰　欧亚种，美国选育。果穗大，圆锥形，平均果穗重约 700 克，果粒着生较紧密。果粒长椭圆形，平均单粒重 8.0 克，果皮黑紫色。果皮厚，果肉脆，可溶性固形物含量 17.0%。果味浓，果肉具有玫瑰香味。

树势强，每果枝平均着生 1.37 个花序。在河北怀来地区 4 月下旬萌芽，6 月上旬开花，9 月下旬果实成熟。属晚熟品种。

（9）大宝　欧美杂种，日本选育。果穗大，平均果穗重 410 克，最大可达 750 克。果粒大，椭圆形，平均单粒重 9.5 克，果粒着生紧密。果皮紫红色，果汁多，具有草莓香味，味酸甜。可溶性固形物含量 15%。

植株生长势强，结实率高，结果枝率为 78.6%，每果枝平均着生 1.45 个花序。副梢结实力强，结果早，产量高。在陕西关中地区 4 月中旬萌芽，5 月下旬开花，10 月上旬果实成熟。

（10）夕阳红　欧美杂种，辽宁省果树研究所选育。果穗大，长圆锥形，无副穗，平均果穗重 850 克，最大可达 1500 克。果粒大，椭圆形，平均单粒重 13.0 克，果粒着生紧密。果皮紫红色，果汁多，味甜，具有明显玫瑰香味。可溶性固形物含量 16.0%。

植株生长势强，结实率高，结果枝率为 46%，每果枝平均着生 1.4 个花序。副梢结实力强，结果早，丰产性强。在辽宁沈阳地区 5 月上旬萌芽，6 月上旬开花，9 月下旬果实成熟。抗病性较强，但生长后期易感白腐病。

第二节　鲜食无核葡萄品种

一、早熟品种

（1）京早晶　中国科学院北京植物园培育的品种。果穗大，圆锥形，平均果穗重 450 克，果粒着生中等紧密。果粒中小，卵圆形至长椭圆形，平均单粒重 3.0 克。果皮绿黄色，果皮薄，果肉脆，酸甜适口，味浓。可溶性固形物含量 20.5%。成熟后易落粒。

植株生长势强，结果枝率为 30%，每果枝平均着生 1.1 个花序。在北京地区 4 月上旬萌芽，5 月中下旬开花，7 月下旬果实成熟。植株抗寒、抗旱力强，但易感霜霉病和白腐病。

（2）奇妙无核 又名幻想无核，美国品种。果穗中等大，圆锥形，平均穗重 500 克。果粒长圆形，平均单粒重 6.0～7.0 克。果皮黑色，肉质甜脆，可溶性固形物含量 16.0%～20.0%。

植株生长势极强，芽眼萌芽率 82%，结果枝率稍低，每果枝平均着生 1.6 个花序。在济南地区 4 月上旬萌芽，5 月中旬开花，7 月中下旬果实成熟。抗病性强。

二、中熟品种

（1）8611 又名无核早红，河北昌黎培育的三倍体无核葡萄品种。果穗中等大，圆锥形，平均果穗重 290 克，果粒着生中等紧密。果粒椭圆形，平均单粒重 4.5 克。果皮粉红色或紫红色，风味稍淡。可溶性固形物含量 15.0%。

植株生长势强，结果枝率高，每果枝平均着生 2.0 个花序。在华北地区 4 月上旬萌芽，5 月中下旬开花，7 月底至 8 月初果实成熟。对霜霉病、炭疽病和白腐病抗性较强。

（2）布朗无核 美国品种。果穗大或较大，多歧肩、圆锥形，无副穗，平均果穗重 445～627 克，果粒着生紧密。果粒椭圆形或近圆形，平均单粒重 3.2 克。果皮淡玫瑰红色，肉质软，味酸甜，有草莓香味。可溶性固形物含量 15.0%～16.0%。

植株生长势较强，结果枝率 40.0%～55.6%，每果枝平均着生 1.0～1.3 个花序。在北京地区 4 月中旬萌芽，5 月下旬开花，8 月上旬果实成熟。对霜霉病和白腐病抗性较弱。

（3）红光无核 又名火焰无核，美国品种。果穗中等大，长圆锥形，平均果穗重 400 克，果粒着生中等紧密。果粒近圆形，平均单粒重 3.0 克。果皮鲜红或紫红色，肉质硬脆，味甜。可溶性固形物含量 16.0%。

植株生长势强，芽眼萌芽率高，每果枝平均着生 1.2 个花序。在河北涿鹿地区 4 月底 5 月初萌芽，6 月上旬开花，8 月上旬果实成熟。

（4）无核白鸡心　又名世纪无核、森田尼无核。美国品种。果穗大，长圆锥形，平均果穗重 620 克，果粒着生中等紧密。果粒鸡心形，平均单粒重 4.5 克，果皮绿黄色或金黄色，肉质硬脆，味甜。可溶性固形物含量 16.0％。

植株生长势强，芽眼萌芽率高，结果枝率 52％左右，每果枝平均着生 1.2 个花序。在北京地区 4 月上旬萌芽，5 月下旬开花，8 月上旬果实成熟。

（5）金星无核　欧美杂种，美国品种。果穗圆锥形，紧密，平均果穗重 350 克。果粒近圆形，平均单粒重 4.4 克，经膨大剂处理后果粒可达 7.0～8.0 克。果皮蓝黑色，肉质软，味香甜，可溶性固形物含量 16.0％～19.0％。

植株生长势强，萌芽率 90％，结果枝率 86％，每果枝平均着生 1.6 个花序。在沈阳地区 4 月底萌芽，5 月底 6 月初开花，8 月中旬果实成熟。抗寒性强。

三、晚熟品种

（1）绿宝石无核　又名爱莫无核，美国品种。果穗较大，紧凑，圆锥形，平均果穗重 650 克，果穗大小不整齐。果粒倒卵圆形，平均单粒重 4.2 克。果皮黄绿色，肉质脆，酸甜适口。可溶性固形物含量 15.0％。

植株生长势强，芽眼萌芽率 50％，结果枝占总芽数的 70％，每果枝平均着生 1.2 个花序。在华北地区 4 月上旬萌芽，5 月底开花，8 月下旬果实成熟。

（2）绯红无核　又名克瑞森无核，美国品种。果穗中等大，圆锥形，有歧肩，平均果穗重 500 克，果粒着生中等紧密。果粒椭圆形，平均单粒重 4.0 克。果皮亮红色。果肉黄绿色，细脆，味甜。可溶性固形物含量 19.0％。

植株生长势强，萌芽率、成枝率均较强。在北京地区 4 月上旬萌芽，5 月底开花，9 月上旬果实成熟。

（3）红宝石无核　又名大粒红无核，美国品种。果穗大，圆锥形，有歧肩，平均果穗重 850 克，最大可达 1500 克。果粒较大，卵圆形，平均单粒重 4.2 克。果皮亮红紫色，果肉脆，可溶性固形物含量 17.0%。

植株生长势强，萌芽率高，每果枝平均着生 1.5 个花序。在华北地区 4 月中旬萌芽，5 月下旬开花，9 月中下旬果实成熟。

（4）红脸无核　美国品种。果穗大，长圆锥形，平均果穗重 650 克，最大可达 2150 克，果穗较松散。果粒中大，椭圆形，平均单粒重 4.2 克，果皮鲜红色。果肉脆，味甜，可溶性固形物含量 15.5%。

植株生长势强，萌芽率高，结果枝率 80%，每果枝平均着生 1.5 个花序。在沈阳地区 5 月上旬萌芽，6 月中旬开花，9 月中旬果实成熟。丰产，抗病。

（5）皇家秋天　美国品种。果穗大，圆锥形，平均果穗重 1000 克，果穗较松散。果粒大，椭圆形，平均单粒重 7.0 克。果皮紫黑色，果肉脆甜，可溶性固形物含量 17.0%。

植株生长势强。在山东莱西地区 4 月中旬萌芽，5 月中下旬开花，9 月下旬果实成熟。抗病性弱。

第三节　酿酒葡萄品种

（1）蛇龙珠　别名解百纳，欧亚种，原产法国，同赤霞珠、品丽珠是姊妹品种。1892 年我国张裕葡萄酿酒公司最早从法国引进。在山东的烟台、黄县、蓬莱，山西省的太谷等地区栽培面积较大。蛇龙珠是世界酿造红葡萄酒的名贵品种，也是我国今后发展的重点酒用品种之一。

果穗中等大，平均果穗重 193.0 克，圆柱或圆锥形。果粒小，着生紧密，百粒重 182 克，圆形。紫黑色，果皮厚，果肉多汁。果实含糖 15%～19.2%，含酸 0.59%，出汁率 75.5%，酒质优良，为红宝石色，柔和爽口。树势强，耐瘠薄。芽眼萌发率高。每个结果枝平均花序数为 1.2 个。幼树结果较晚，产量中等，抗病、抗旱力较强。

(2) 品丽珠 别名 Bouchet，欧亚种，原产法国波尔多，栽培面积约 2.33 万公顷。意大利南部和东北部栽培面积也很大。我国的宁夏、山东、北京、云南均有栽培。

果穗中等大，平均果穗重 245.5 克，圆锥形。果粒中等大，着生紧密，百粒重 157 克，圆形。紫黑色，果皮厚，果肉多汁，有青草味。含糖量 17.6%，含酸量 0.62%，出汁率 76%。生长势与结实力中等，结果较晚。适应性强，耐盐碱，喜沙壤土栽培。抗病性中等。

(3) 赤霞珠 欧亚种，原产法国波尔多，是栽培历史最悠久的欧洲种葡萄，是世界上最著名的酿酒红葡萄品种之一，用赤霞珠酿制的干红葡萄酒以其高质量在世界上最负盛名。我国 1892 年首次从西欧引入，现在河北、山东等地栽培较多。

果穗圆锥形，平均果穗重 175 克，较紧密。果粒圆形，紫黑色，平均单粒重 1.85 克，果皮厚，果肉多汁，淡青草味，含糖量 19.3%，含酸量 0.56%～0.71%，出汁率 62%。树势较强，风土适应性强，抗病性较强，适宜在肥沃的壤土和沙壤土上栽培，喜肥水。晚熟品种，在烟台 10 月上旬充分成熟。

(4) 梅鹿辄 别名梅露汁、红赛美蓉，欧亚种，原产法国波尔多，是近代很时髦的酿酒红葡萄品种，适合酿制干红葡萄酒和佐餐葡萄酒，常与赤霞珠酒勾兑，以改善成品酒的酸度和风格。我国 1892 年从西欧引入，现在河北、山东、新疆等地有少量栽培。

果穗圆锥形，带歧肩和副穗，平均穗重 238 克，中等紧密。果粒近圆形或短卵圆形，平均单粒重 1.84 克。果皮紫黑色，较厚，果肉多汁，含糖量 18%～20%，含酸量 0.71%～0.89%，出汁率 70%～74%。树势较强，结果能力强，极易早期丰产，产量较高。适应性和抗病性较强，适宜在肥沃的沙质土壤上栽培。中熟品种，在青岛 9 月中旬浆果充分成熟。

(5) 霞多丽 别名查当尼，欧亚种，原产法国勃艮第。现主要在法国、美国、澳大利亚等国栽培。山东平度是我国霞多丽主要生产基地，河北、陕西、北京等地也有小面积栽培。主要用于酿造高档干白葡萄酒，酒色呈淡金黄色，澄清，幽雅，还可酿制高档香槟酒，其价格昂贵。

果穗圆柱形，平均果穗重 142.1 克，带副穗，有歧肩，极紧密。果粒近圆形，平均单粒重 1.38 克。果皮黄绿色，果皮薄，粗糙，果肉多汁，味清香，含糖量 20.1％，含酸量 0.75％，出汁率 72.5％。生长势强，结实力强，极易早期丰产。在青岛 9 月上旬成熟，属中熟品种。适应性强，抗病性中等。

（6）白玉霓　欧亚种，原产法国，世界最著名的酿酒葡萄品种之一，是酿造葡萄蒸馏酒——白兰地的专用品种，还可酿制佐餐葡萄酒，酒质优良。目前是烟台张裕公司酿制白兰地葡萄酒的主要原料，河北、上海等地也有少量栽培。有望成为我国南方最有前途的优良酿酒葡萄品种。

果穗大，圆锥形，有歧肩，平均果穗重 367.7 克。果粒近圆形，平均单粒重 1.46 克。果皮薄，淡黄色，果肉多汁，无香味，含糖量 19％，含酸量 0.66％～1.22％，出汁率 73％。生长势强，丰产、稳产，适应性强，喜肥水，较抗病。该品种在山东 10 月上旬果实成熟，属晚熟品种。

（7）白诗南　欧亚种，原产法国，栽培历史悠久。我国 20 世纪 80 年代由长城葡萄酒公司、华东葡萄酿酒公司从国外大量引进，现栽培面积不断扩大。本品具有多种酿酒用途，可以生产干白葡萄酒、甜白葡萄酒、起泡酒和香槟酒。本品种葡萄酒酒质优良，属世界名酒。

果穗长圆锥形至圆柱形，带歧肩、副穗，果粒着生紧密。平均果穗重 315 克，最大 600 克。果粒小，圆形或卵圆形，平均粒重 1.26 克。果皮黄绿色，果肉多汁，有香味，含糖量 17.3％，含酸量 0.99％，出汁率 72％。生长势强，结实力中等，适应性强，适宜在肥沃的沙壤土栽培，抗病性中等，易感白腐病。胶东半岛地区 9 月中旬果实成熟，属中熟品种。

（8）意斯林　又名贵人香，欧亚种，原产意大利和法国南部，是古老的欧洲种葡萄，是世界上酿造白色葡萄酒的主要品种，也是制汁的好品种。酿制的葡萄酒，酒色金黄，酒味清香，柔和爽口，回味良好，酒质极优。我国 1892 年首次从欧洲引入，适于我国华北、西北地区栽培。目前在我国西北、华北以及山东、河南、江苏等地已有较大面积栽培。

果穗圆柱形，多具副穗，平均果穗重 134 克，果粒着生中等紧密。果粒圆形，平均单粒重 1.5 克左右，果皮薄，黄绿色，果面上有褐色斑点。果肉多汁，清香，含糖量 18.5%，含酸量 0.8%，出汁率 68%～76%。树势中等偏弱，结实力强，产量中等。适应性较强，喜肥水，不耐旱，抗病性较强。在胶东半岛地区 9 月上旬果实成熟，属中熟品种。

（9）白羽　别名白翼等，欧亚种，原产格鲁吉亚，居世界酿酒白葡萄品种的第二位。可酿造普通佐餐葡萄酒和优质干白葡萄酒，酒质优良。我国 20 世纪 60 年代从保加利亚引进，目前已成为我国栽培面积最大、分布最广的酿酒白葡萄品种。

果穗圆锥形或圆柱形，带歧肩和副穗，果粒着生紧密。平均果穗重 226 克，最大穗重 800 克。果粒卵圆形，平均单粒重 3.1 克。果皮黄绿色，果粉薄，果肉多汁，香气纯正，味酸甜，含糖量 18.3%，含酸量 0.88%，出汁率 73%～78%。生长势中等，副梢生长弱，夏季修剪简便，结实力强，较丰产。抗病性较强，耐旱。

（10）佳利酿　欧亚种，原产西班牙，其栽培面积居世界酿酒红葡萄品种的第二位。在国外，佳利酿常与其他品种调配生产清新爽口的佐餐酒，在我国它常与其他品种原酒调配成中档葡萄酒或者蒸馏生产白兰地。我国 1892 年首次从国外引进，现在我国北方葡萄酒产区栽培较多。

果穗圆锥形，平均果穗重 340 克，果粒着生紧密。果粒近圆形，紫黑色，平均单粒重 2.7 克，果皮厚，多汁，味甜，含糖量 18%～20%，含酸量 1.0%～1.4%，出汁率 85%左右。树势较强，产量高。适应性和抗病性较强。山东烟台 10 月初成熟，属晚熟品种。

（11）北醇欧　山杂种，是中国科学院北京植物园 1954 年以玫瑰香与山葡萄杂交育成。为酿制红葡萄酒品种，酒质优良，澄清透明，柔和爽口，风味醇厚。北京、河北、山东、吉林、辽宁等地均有栽培。

果穗圆锥形，带副穗，平均果穗重 259 克，果粒着生较紧密。果粒近圆形，平均单粒重 2.56 克。果皮紫黑色，果汁淡紫红色，果肉多汁，甜酸味浓，含糖量 19.1%～20.4%，含酸量 0.75%～

0.97%，出汁率 77.4%。树势强，丰产性好。抗寒性及适应性较强。北京地区 9 月中旬果实成熟，属晚熟品种。

（12）公酿 2 号 欧山杂种，吉林农业科学院果树研究所 1960 年用山葡萄与玫瑰香杂交育成。为酿制红葡萄酒品种，酒为淡宝石红色，有类似法国蓝酒的香味，较爽口，回味良好。

两性花。果穗圆锥形，有歧肩或副穗，果粒着生紧密，平均果穗重 153 克。果粒圆形，蓝黑色，平均单粒重 1.6 克。果汁淡红色，味酸甜，含糖量 17.6%，含酸量 1.98%，出汁率 73.64%。树势中等，副梢少，易于管理，结果早，产量较高，枝蔓成熟良好。抗寒力强，适于在寒地发展。在吉林公主岭 9 月上旬果实成熟。

（13）双优 吉林农业大学等单位育成。酒色浓艳，果香浓郁，醇厚纯正，典型性强。

果穗长圆锥形，平均穗重 132 克，最大穗重 500 克，果穗紧密，无青粒。浆果圆形，平均粒重 1.19 克，果皮蓝黑色，较薄。果汁紫红色，可溶性固形物含量 15.67%，总酸 2.23%，出汁率为 64.7%。植株生长势中等，早期丰产性好且连年丰产。可露地越冬。浆果 9 月上中旬成熟。植株从萌芽至浆果充分成熟约 130～150 天。

（14）双红 中国农业科学院特产研究所育成。亲本为通化 3 号×双庆。酒色呈宝石红，清亮，果香明显、协调，口味舒顺，浓郁爽口，余香长，典型性好。

果穗双歧肩，圆锥形，平均穗重 127 克，平均粒重 0.83 克，青粒少。果汁可溶性固形物含量 15.58%，总酸 1.96%，浆果出汁率 55.7%。植株生长势较强，较丰产，抗霜霉病能力强。浆果 9 月上旬成熟。丰产、稳产，从萌芽到浆果充分成熟约 127～135 天。抗霜霉病能力高于左山二、双庆、双丰和双优，是我国培育的第一个抗霜霉病山葡萄新品种。

第三章　生长结果习性

　　根系是葡萄赖以生存的基础，是果树的重要地下器官。根系的数量、粗度、质量、分布深浅、活动能力强弱，直接影响葡萄地上部的枝条生长、叶片大小、花芽分化、坐果、产量和品质。土壤的改良、松土、施肥、灌水等重要果树管理措施，都是为了给根系生长发育创造良好的条件，以增强根系生长和代谢活动、调节树体上下部平衡、协调生长，从而实现葡萄丰产、优质、高效的生产目的。我们常说的"根本"一词就是说"根"才是树的"本"，是葡萄地上部生长的基础，根系生长正常与否都能从地上部的生长状态上充分表现出来。

第一节　根系的特性

一、根系的功能

　　根是葡萄重要的营养器官，根系发育的好坏对地上部生长结果有重要影响。根系有固定、吸收、贮藏营养、合成、输导、繁殖6大功能。

　　1. 固定

　　根系深入地下，既有水平分布又有垂直分布，具有固定树体、抗倒伏的作用。

　　2. 吸收

　　根系能吸收土壤中的水分和许多矿质元素。

　　3. 贮藏营养

　　根系具有贮藏营养的功能，葡萄第二年春季萌芽、展叶、开花、坐果、新梢生长等所需要的营养物质，都是由上一年秋季落叶前，叶片制造的营养物质，通过树体的韧皮部向下输送到根系内贮藏起来，供应树体地上部第二年开始生长时利用。

4. 合成

根系是合成多种有机化合物的场所，根毛从土壤中吸收到的铵盐、硝酸盐，在根内转化为氨基酸、酰胺等，然后运往地上部，供各个器官（花、果、叶等）正常生长发育的需要。根还能合成某些特殊物质，如激素（细胞分裂素、生长素）和其他生理活性物质，对地上部生长起调节作用。

5. 输导

根系吸收的水分和矿质营养元素需通过输导根的作用，运输到地上部供应各器官的生长和发育需要。

6. 繁殖

有萌蘖更新、形成新的独立植株的能力。

二、根系的组成

葡萄植株的地下部分统称为根系，由骨干根和幼根组成。

1. 骨干根

由主根和各级侧根组成，是多年生的根，呈黑褐色。其主要作用是输送水分、养分和贮藏营养物质，并把葡萄植株固定在土壤中。

2. 幼根

是指着生在骨干根上的当年生小细根，是水分和养分的主要吸收器官。

葡萄的根富于肉质，髓射线发达，能贮藏大量有机营养物质，还能合成多种氨基酸和激素类物质，对地上部新梢和果实的生长及花芽分化和开花坐果起重要的调节重要。

葡萄的根系一般为须根系。生产上用的扦插苗和压条苗，它们的根系来自于枝蔓上的不定根，所以它们的根系无主根。葡萄根系上不能长出不定芽，1年生苗的地上部分如果死亡，那么即使地下根系完好，也不能发芽成活。

三、根系的分布

葡萄的根系发达，主要为肉质根。在栽培条件下，葡萄的主要根系分布在定植穴周围 2～3 米、深 40～80 厘米的土层内。生长旺盛的品种或在干旱地区，有时根系可达数米以下，因此葡萄是一个抗旱的树种。栽培条件下，若经常表层施肥或灌水过多，会使根系上浮至土壤表层，降低抗旱能力。

葡萄是深根性果树，其根系在土壤中的分布情况与土壤类型、地下水位、气候、栽培管理方法有很大关系。一般情况下，根系垂直分布最集中的范围是在 20～100 厘米深度内，水平分布受土壤和栽培条件的影响，如土壤条件差，根系主要分布在定植沟内。

棚架葡萄根系分布有不对称性，即架下根系分布密度大，范围宽。造成这种现象的可能原因是：架下有棚面枝叶遮阴，土壤水分状况较稳定，地面践踏较少，土壤通气好。另外还与地上部、地下部有相关性有关。

四、根系的生长特性

葡萄根系开始活动和生长的温度随种类而异。一般山葡萄根系在 4.5～5.2℃、美洲种在 5～5.5℃、欧亚种在 6～6.5℃时开始活动，吸收水分和养分，在 12℃ 以下时开始生长及发生新根，在 20～25℃时根系生长最旺盛。北方葡萄一年中根系有两次生长高峰：第一次从 5 月下旬开始，6 月下旬至 7 月间达到一年中的生长高峰，这是一年中生长最旺盛、发生新根最多的时候；9 月中下旬（果实采收后）出现第二次弱的生长高峰。

葡萄在春季萌芽期根压大，可达 2.026×10^5 帕，加上葡萄根和茎组织中导管大，故地上部新剪口容易出现大量伤流。据测定，一个剪口一天之内伤流液可达 1000 毫升左右，伤流液中 90% 以上是水分，还含有少量有机营养、维生素、赤霉素、激动素等。伤流一般对树体的营养损失不大，但剪口下部的芽眼经伤流液浸泡后萌芽延迟并易引起发霉及病害，应避免在伤流期进行修剪或造成伤口。

第二节 茎 的 特 性

一、茎的形态特征

葡萄的枝蔓根据其着生位置、枝龄和生理特点可分为：主干、主蔓、侧蔓、结果母枝、发育枝、结果枝、副梢等。其中主干、主蔓、侧蔓统称为多年生枝。

1. 多年生枝

是否具有主干、主蔓和侧蔓，因树形而异，有的树形都具备，有的树形只有一部分。主干指从地面到第一分枝之间的一段老蔓；而一个定植穴内有多个永久性枝蔓的每一个枝蔓都称为主蔓；主蔓上着生的分枝称为侧蔓。多年生枝构成植株的骨架，其上着生枝叶和结果母枝。目前北方葡萄树由于需下架埋土防寒，多属于无主干、多主蔓、无侧蔓的树形。

2. 结果母枝

当年长出的新梢在落叶后叫1年生枝，其上来年大多可抽生结果枝故称为结果母枝。不同品种或同一品种在不同地区，其枝上不同部位的芽眼抽生结果枝的能力也不相同，在冬季修剪时应掌握好留枝长度。

3. 发育枝、结果枝和副梢

发育枝、结果枝和副梢统称为新梢。春季由冬芽萌发形成的新梢称为主梢，主梢上着生花序的称为结果枝，没有着生花序的称为发育枝。新梢腋芽萌发再次形成的新梢统称为副梢，在一年内副梢可多次萌发形成多级副梢。从主梢上萌发的副梢称为一级副梢，一级副梢上萌发的副梢称为二级副梢，以此类推，形成更高级次的副梢。

葡萄的茎细而长，髓部大，组织较疏松。新梢上着生叶片的部位为节，节部稍膨大，节上着生芽和叶片，节内有横隔膜。葡萄的节有贮藏养分和加强枝条牢固性的作用。两个节之间为节间，节间长短与品种和树势有关。节上叶片对面着生卷须或花序。

二、新梢（茎）的年生长周期

当昼夜平均气温稳定在10℃以上时，葡萄茎上的冬芽开始萌发，长出新梢。开始时新梢生长缓慢，后随着气温的升高，新根不断发生，叶片逐渐长大，光合作用加强，新梢加长生长逐渐加快，到萌芽后3~4周时，生长最快，一昼夜可加长5厘米以上，最多可加长10厘米。到开花前后，由于各器官之间互相争夺养分，使新梢的生长速度逐渐放慢。但葡萄的新梢不形成顶芽，只要气温适宜，可一直生长到晚秋。一般需通过摘心、肥水管理控制新梢生长。

第三节　芽 的 特 性

一、芽的种类

葡萄的芽为混合芽，即一个芽内兼有枝叶和花序原始体。芽萌发后一般长到3～6片叶时即可看到花序，若长出卷须后仍未见到花序，此梢一般为发育枝。葡萄枝梢的每个叶腋均有两种芽，即冬芽和夏芽，如果萌发的条件具备而芽没有萌发，此芽称为隐芽，又称潜伏芽。

1. 冬芽

冬芽是叶腋间最明显的那个芽，此芽在越冬后萌发故称冬芽。冬芽外面包有鳞片，内有多个芽，位于中间的是一个主芽，围绕主芽着生有3～8个副芽。冬芽在受到强烈刺激的情况下，在形成当年也可萌发，在一些品种上还带有花序，形成二次结果，生产上为了和夏芽的二次果进行区别，一般称为冬芽二次果。利用冬芽结二次果，只适用于个别品种的旺长树。

冬芽在春天如不萌发就叫瞎眼。引起瞎眼的主要原因为：①从秋季到早春这段时间受低温冻害；②由于结果过多或蔓留得过长，芽眼不充实，贮藏营养不足。瞎眼对葡萄生产的危害是造成架面不整齐，产量降低。

2. 夏芽

在叶腋间位于冬芽旁边的那一个芽，即是夏芽，它没有鳞片，是裸芽，不能越冬，当年萌发后很快形成副梢。每个叶腋间只有一个夏芽，如损伤或抹除后此处不能复生夏芽。生产上为了弥补各种原因造成的产量不足，常利用夏芽，在加强营养条件的情况下，抽生的副梢易带花序这一特性，结二次果，一般称为夏芽二次果。

3. 隐芽

如果主芽或副芽因条件不适合而未适时萌发，潜伏下来即成为隐芽，被逐年增厚的皮层包裹，当条件适宜或受到刺激时，仍可萌发抽生新梢。隐芽的寿命很长，可存活数十年或更长，生产上常利用隐芽，对老葡萄树进行更新改造，但隐芽萌发抽生的枝梢通常不带花序。

二、花芽及花芽的分化

葡萄的花芽有两种：带有花原基的冬芽为冬花芽，带有花原基的夏芽为夏花芽。

葡萄的花芽属于混合花芽。

葡萄的冬花芽一般是在花期前后从新梢下部第3~4节的芽开始分化，随着新梢的延长，新梢上各节的冬芽一般是从下而上逐渐开始分化，但基部1~3节冬芽开始分化稍迟一些，因此葡萄基部花芽质量较差。

一般葡萄的花芽到秋季冬芽开始休眠时（通常在10月），在3~8节冬芽上可分化出1~4个花序原基，但只分化出花托原基。冬芽开始进入休眠后，整个花序原基在形态上无明显变化，分化暂时停止。到第二年春季萌发展叶后，再次开始芽外分化和发育，每个花蕾依次分化出花萼、花冠、雄蕊、雌蕊。一般是在萌芽后1周形成萼片，2周出现花冠，18~21天雄蕊出现，再过1周形成雌蕊。

葡萄花芽分化持续时间很长（历时1年），花的各器官主要是在春天萌芽以后分化形成的，依靠的是上年树体内贮藏的营养物质。如果树体贮藏营养不足或春季气候条件不适宜（持续低温阴雨或持续高温），有可能使上年已分化出现花原基的芽不再继续分化而变成卷须。

为促进花芽分化，第一年应加强管理（如秋施肥、适时摘心、除副梢、控制结果等），以增加树体营养，保证花芽分化对营养的需求。

第四节　叶 的 特 性

一、叶的形态

葡萄叶片较大，互生，多为心脏形或圆形，全缘或3~5裂，个别品种为 7 裂或多裂。种类或品种不同，特征差异大。

叶片是植物制造养分的工厂，葡萄叶片生长直接影响到葡萄的生长结果状况，如果葡萄叶片生长不良，并早期落叶，将造成当年葡萄果实的品质和产量下降，并使葡萄芽发育不良，影响来年葡萄的生长和开花结果。

葡萄生产应确保葡萄树有足够数量且良好生长的功能叶。

二、叶片的作用及生长

1. 叶片的作用

叶片的作用主要是进行光合作用，制造碳水化合物，满足自身和整个植株生长需要。叶片也是进行呼吸作用和蒸腾作用的器官。葡萄叶片进行光合作用必须有适宜的温度、光照和肥水条件，本身也必须健壮，特别是光照条件更重要。因此葡萄生产上要求枝条和叶片在架面上分布要合理，密度要适当，如果枝叶过密，就会影响光合作用，影响生长、果实品质及降低抗逆性。

2. 叶的生长

葡萄叶片从展叶到长到固定大小一般需 1 个月左右。当叶片长到最大时光合作用最强，制造营养最多。幼叶长到正常叶大小的 1/3 以前，叶片光合作用制造的碳水化合物尚不能满足自身生长的消耗，只有长到正常叶片大小的 1/3 以上时才能自给自足，并能把多余的光合产物输送出去，供其他器官和组织利用。老叶在生长后期光合效率显著降低。当叶片受到病虫为害时，光合能力下降。因此生产上要针对不同叶片在不同时期的特性，采取相应的技术措施提高叶片的光合作用效率。

葡萄叶片到秋季随着气温的下降，逐渐变色经历霜冻而最后脱落。

第五节 开 花 结 果

一、花和花序

1. 花

葡萄大多数栽培品种是完全花（又叫两性花），自花授粉可以正常结果，但在异花授粉的情况下坐果率提高。少数品种如罗也尔玫瑰等雌蕊正常，但雄蕊发育不好，花丝短，花粉没有生活力，这类品种称为雌能花品种。对这类品种必须配以授粉品种，进行异花授粉才能获得产量。

葡萄的花朵较小。花冠成帽状，由 5 个花瓣连生而成。花萼小且不明显，5 片连生呈波浪状。雄蕊 5 个，雌蕊 1 个，内有 2 个心室。

2. 花序

葡萄花序为复穗状圆锥花序。整个花序由花序梗、花序轴、花梗、花蕾组成。花序的中轴叫花序轴，花序轴又有 2～4 级分轴。葡萄的花序一般分布在果枝的 3～8 节上。欧亚种品种每个果枝上有 1～2 个花序；美洲种品种每个果枝上往往有 3～4 个花序或更多，但花序较小；欧美杂种品种一般每个果枝上有 2～3 个花序。发育好的花序一般有花蕾 200～1500 个，多的可达 2500 个以上。在一个花序上，一般花序中部的花蕾发育好、成熟早；基部花蕾次之；尖端的花蕾发育差，成熟最晚。一个花序的开花顺序一般是中部—基部—顶部，这是生产上需要掐穗尖的原因。

3. 卷须

葡萄的花序和卷须是同一起源器官。在新梢上可以看到从典型花序到典型卷须的各种中间过渡类型。葡萄卷须的主要作用是使植物攀附在别的物体上，在自然生长状态下，使植株能充分向阳生长，占据空间。在栽培条件，由于人为地搭架和引缚新梢，卷须已失去原有作用，如果不进行处理，由于卷须的缠绕，会使架面新梢分布混乱，影响正常的栽培管理。在生产上，通常将卷须及时去除，并且去除的时间越早越好。

卷须在新梢上的着生方式随种类不同而异，欧亚种为间歇式着生，即每着生两节卷须后空一节；美洲种卷须为连续式着生，每节叶的对面都有卷须或花序。

二、开花结果习性

开花时，花瓣从基部开裂外翘，花冠被雄蕊顶起呈帽状脱落。

个别品种，或遇干旱、低温等不利开花条件，花冠不能正常脱落而干枯在花朵上，出现闭花受精或单性结实形成无核果。

葡萄从萌芽到开花一般需要 6～9 周时间。一般在昼夜平均气温达到 20℃时开始开花，在 15℃以下时开花很少。一天中以上午 8：00～10：00 开花最集中。开花期一般为 6～10 天。盛花后 2～3 天没有受精的子房一般在开花后 1 周左右脱落，不能形成果实。不是所有的花都能坐果，花后 1～2 周，如果受精后种子发育不好，幼果也会自行脱落，称为生理落果。如巨峰葡萄一个花序上有 200～1000 个花蕾，如果全部坐住果，单果重 10 克，果穗重将达 2000～20000 克，在短小果穗上这么多的果粒会挤扁压破，形不成商品，无经济价值。所以适宜的生理落果是一种自我调节，使其保持适宜的坐果率。

一般欧亚种品种自然坐果率较高，能满足产量要求；而巨峰、京亚等一些四倍体欧美杂种的品种经常表现为自然坐果率较低，果穗小而散，落花落果严重。主要有树体贮藏营养不足、树势过旺、不良气候条件的影响等原因。生产上应加强头一年的综合管理，采用增加树体贮藏营养，控制超量结果，喷布生长调节剂和微量元素，结果枝花前摘心，严格控制副梢，花前疏花序和花序整形等对策防止落花落果。

第六节　浆果的发育与成熟

一、果穗

葡萄花序上的花通过授粉受精，一部分花坐果后即形成果穗。果穗由穗梗、穗轴、果梗、果粒组成。果穗的形状有多种，基本分为 3 种类型，即圆柱形、圆锥形与分枝形。前两种又可分为是否具有副穗和是否具有歧肩。带歧肩的果穗还有单歧肩、双歧肩和多歧肩的区别。果穗的形状是识别品种的一项重要特征。

二、果实

葡萄果实为浆果，是由子房发育而成，生产上又称果粒。果粒由果梗、果刷、果皮、果肉、种子等部分构成，其中果刷长的品种，一般不容易落粒。

果粒的形状有以下几种类型：鸡心形、卵圆形、椭圆形、圆形、长椭圆形等。果粒的果皮颜色也有绿色、黄绿色、黄色、粉红色、红色、紫红、黑色等区别。果皮上的果粉也有薄、中、厚之分，果粉的薄厚影响着葡萄果实的贮运性，通常果粉厚的品种其贮运性较好。另外葡萄的果肉和香味也有不同的区别。

三、种子

除无核品种外，通常每个葡萄果粒有 1～4 粒种子，较小，有坚实而厚的种皮，上有蜡质，内有胚和胚乳。葡萄果粒中少籽或无籽是葡萄生产上的一个优良性状。

四、果实发育

葡萄坐果后，浆果迅速膨大，其生长发育呈双 S 形。一般需经历下述三个时期。

1. 第一期

为浆果快速生长期。是果实的纵径、横径、重量和体积增长的最快时期。这期间浆果绿色，果肉硬，含酸量达最高峰，含糖量处于最低值。此期大部分葡萄品种需持续 5～7 周，巨峰品种持续 35～40 天。

2. 第二期

为浆果生长缓慢期（硬核期）。在快速生长期之后，浆果发育进入缓慢期，外观有停滞之感，但果实内的种胚在迅速发育和硬化。这一阶段早熟品种的时间较短，而晚熟品种时间较长。在此期间浆果开始失绿变软，酸度下降，糖分开始增加。此期一般持续 2～4 周，巨峰品种需 15～20 天。

3. 第三期

为浆果最后膨大期。是浆果生长发育的第二个高峰期，但生长速度次于第一期。这期间浆果慢慢变软，酸度迅速下降，可溶性固形物迅速上升，浆果开始着色。此期持续 5～8 周。

第七节　枝蔓的成熟与休眠

一、枝蔓成熟

葡萄新梢在浆果成熟期已开始木质化和成熟。浆果采收后，叶片的同化作用仍继续进行，合成的营养物质大量积累于根部、多年生蔓和新梢内。新梢在成熟过程中，下部最先变成褐色，然后逐步向上移。天气晴朗、叶片光照充足、气温稳定均有利于成熟过程的加快进行。

新梢的成熟与锻炼是密切相关的。新梢成熟得越好，则能更好地在秋季的低温条件下通过锻炼。新梢上的芽眼在未接受锻炼以前，在-8～-6℃时就可能被冻死，可是在经过锻炼之后，抗寒力显著提高，能忍受-18～-16℃的低温。一般认为抗寒锻炼过程可分为两个阶段。在第一阶段中淀粉转化为糖，积累在细胞内成为御寒的保护物质，此阶段最适宜的锻炼温度为-3℃；第二阶段为细胞的脱水阶段，细胞脱水后，原生质才具有更高的抗寒力，此阶段最适宜的温度为-5℃，如温度突然降至-8℃或-10℃时则不利于锻炼的进行，可能引起枝条和芽眼的严重冻害。

为了保证新梢的成熟和顺利通过抗寒锻炼，在生产上需要采取一些措施：①合理留产，保证新梢有适当的生长量，维持健壮的树势；②在生长季中保持有足量健康的叶片，使之不受病虫为害并获得足够的光照，保证浆果和枝蔓及时成熟；③在生长后期控制氮肥的用量和水分的供应，使新梢及时停止生长，以利于在晚秋良好成熟和更好地接受抗寒锻炼。

二、休眠

葡萄植株的休眠一般是指从秋季落叶开始到次年树液开始流动时为止，一般可划分为自然休眠期和被迫休眠期两个阶段。虽然习惯上将落叶作为自然休眠期开始的标志，但实际上葡萄新梢上的冬芽进入休眠状态要早得多，大致在8月间，新梢中下部充实饱满的冬芽即已进入休眠始期。9月下旬至10月下旬处于休眠中期，至翌年 1～2 月即可结束自然休眠。如此时温度适宜，植株即可萌芽生长，否则就处于被迫休眠状态。

打破自然休眠要求一定时间的低温。自然休眠不完全时，植株表现出萌芽期延迟且萌芽不整齐。葡萄从自然休眠转入开始生长所要求的低温（7.2℃以下）时间最低为 200～300 小时（美洲种葡萄），一般完全打破自然休眠则要求 1000～1200 小时。如倍蕾玫瑰经 200～300 小时的低温处理后，在适于生长的条件下需经 100 天芽眼才能萌发；而经过 500 小时低温处理后，50 天即可萌芽。利用保护地栽培葡萄，如计划提前到 12 月或 1 月间加温，可提前用 10％～20％的石灰氮浸出液涂抹或喷布芽眼，从而打破自然休眠，这样才能使芽眼迅速和整齐萌发。

第八节　葡萄的物候期

一、伤流期

春季气温回升，当地温稳定在 6℃以上时，植株根系开始吸收水分和营养物质，葡萄枝蔓上的修剪伤口流出"水"的现象称为伤流，伤流开始到伤流结束即为伤流期，伤流的早晚与品种特性及土壤含水量等状况有关。

伤流流出的物质含有植株体内上一年贮存的糖分等营养物质，伤流量过大、伤流期过长，对树体、树势影响较大，所以在冬季修剪和埋土防寒操作中应尽量减少伤口，避免出现大伤口。

二、萌芽期

当气温稳定在 10℃以上后，葡萄枝蔓上的芽即开始萌发，萌芽期开始的标准为：约有 5％的冬芽鳞片裂开，露出绒毛，呈绒球状。

三、开花期

葡萄进入开花期的标准为：约有 5％的花冠脱落。低温、阴雨天气对葡萄的授粉受精不利，直接影响当年的坐果率和产量。另外葡萄开花期是生殖生长和营养生长都旺盛的时期，根系生长和花芽分化都需要大量养分，所以生产上为了促进开花结果，应适当控制营养生长。

四、浆果生长期

开花终期，即约 95% 的花朵已开过，就标志浆果生长期的开始。

五、浆果着色期

进入浆果着色期的标准为：约有 5% 的果粒开始着色，无色品种的果粒约有 5% 开始变软。

六、浆果成熟期

进入此期的标准为：果实达到生理成熟，呈现该品种固有特征。

七、新梢开始成熟期

当新梢基部节间开始变褐色时，即是新梢成熟期的开始，以后节间由下向上逐渐成熟，当生长停止、葡萄叶脱落后葡萄新梢成熟期结束。

八、休眠期

葡萄植株正常落叶后，到来年伤流期开始为葡萄的休眠期。至此葡萄完成 1 年的生长周期。

第九节　对环境条件的要求

一、温度

葡萄树为喜温性果树。葡萄一般在春季昼夜平均气温达 10℃ 左右时开始萌发，而秋季气温降到 10℃ 左右时营养生长即停止。葡萄栽培上称 10℃ 为生物学零度，把一个地区一年内 ≥10℃ 的温度总和称为该地区的年有效积温。有效积温与浆果的成熟和含糖量有很大关系。有效积温不足，浆果含糖量低、着色差、品质下降。所以有效积温是划分葡萄气候区的关键指标。了解某一地区的有效积温和某一品种对有效积温的要求，就可以推断该品种在某地区经济栽培的可能性。不同品种生长发育要求的有效积温不同。

葡萄不同物候期对温度要求也不同：20～30℃最适于新梢生长、开花和花芽分化。果实成熟期最适温度为 20～32℃，温度低则着色不良、成熟延迟、糖度低、酸度高。葡萄不同器官忍耐低温能力不同：萌动芽−3℃开始受冻，−1℃时嫩梢和幼叶开始受冻；开花期 0～3℃花器受冻，幼果脱落；果实成熟期−3℃以下浆果受冻或造成脱落。

二、水分

葡萄的不同生育期对水分的要求不同。

萌芽期、新梢生长期及果实生长期，水分供应充足，能促进生长，提高产量。葡萄开花期，天气潮湿会影响授粉受精，引起落花落果。浆果成熟期阴雨连绵或湿度过大，会引起葡萄病害严重发生，果实腐烂，浆果含糖量低，品质变劣。葡萄生长后期，雨水过多，新梢生长结束晚，成熟不良，影响越冬。

一般认为，年降雨量在 500～800 毫米以内的地区，为葡萄的适宜种植区。但我国年降雨量分布不均，多数产区降雨量集中在 7～9 月份，此时正是葡萄浆果成熟期，高温、高湿对浆果成熟极为不利。在降雨量偏少、有灌溉条件的地区，如我国的河套平原地区，栽培葡萄最为有利。

三、光照

葡萄是喜光性果树，对光反应敏感。光照充足，植株生长健壮充实，叶色浓绿而有光泽，光合作用强，花芽分化充分，浆果着色和品质均佳。光照不足，新梢细长，叶薄色黄，光合产物少，植株营养不良，浆果品质低劣，枝条成熟度差，花芽分化不好，不仅影响当年的产量和品质，还会严重影响下一年的产量。

不同种和品种对光的反应有一定差异。欧亚种葡萄比美洲种和欧美杂种葡萄对光的要求更高一些。

四、土壤、地势

葡萄对土壤的适应能力很强，适于种植的土壤类型非常广泛，从沙土、壤土到黏土，不论土层深浅和肥力高低，均可种植葡萄。但应避免在重黏土、重盐碱土或干旱无水利设施的土地上种植。

葡萄对土壤酸碱度的适应范围较大（pH5～8），在 pH6.0～7.5 时生长发育最好。土壤 pH 超过 8.5 时，葡萄生长就会受到抑制，甚至死亡；在土壤 pH 小于 4 的酸性土上，葡萄也不能正常生长。栽培葡萄的土壤，一般要求地下水位在 1.0 米以下。

地势较高、排水良好、土质疏松的沙壤或砾质土的缓坡山地，为葡萄最理想的栽培地势。这种地势，阳光充足，紫外线比较强，通风透光，有利于浆果着色和品质的提高。一般山地葡萄比平地葡萄色泽好，含糖量高，品质好。适宜种植葡萄的海拔高度在 200～600 米。

通常南坡光照充足、日照时间长，热量大，浆果品质优于北坡，国内外著名的葡萄产地都位于山地南坡。

第四章 育苗技术

苗木是果园建立的基础，苗木质量的好坏直接影响葡萄的生长情况、结果的早晚及前期产量的高低，掌握科学的育苗技术，才能培育出优良的苗木。

第一节 育苗方法

一、扦插育苗

扦插育苗是利用葡萄枝蔓在适宜的环境条件下，容易形成不定根的特性，把带有芽眼的 1 年生葡萄枝条扦插在培养基质中，人为

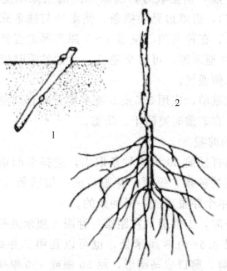

图 4-1 葡萄扦插育苗（刘崇怀，2003）

1—扦插插条；2—1 年生成苗

创造适宜的环境条件，经过一段时间的培养，将枝条培养成葡萄幼苗的育苗方法（图 4-1）。

大多数葡萄品种的枝蔓上都容易产生不定根，扦插繁殖是葡萄的主要育苗方法。

1. 种条的采集

扦插育苗所用的种条，一般结合冬季修剪进行采集。

选取插条的标准：品种纯正、植株健壮、无病虫害的丰产植株，冬剪时选取成熟充分、节间长度适中、芽眼饱满的枝条为种条，将种条 6～8 节间截为一段，每 50～100 根捆成一捆，并在每捆上系 1～2 个标牌，以防混杂。

2. 插条的贮藏

多采用沟藏和窖藏。沟藏应选择在地势较高、排水良好、向阳背风的地方。挖贮藏沟的标准是：沟深 50 厘米，沟宽 1.2～1.5 米，沟的长度可根据插条的数量及地块的情况决定。挖贮藏沟时，挖出的土放在西、北、东三面，形成一个挡风屏障的土埂。

贮藏时，先在沟底铺 5～6 厘米厚的湿沙，后将捆好的种条倒置在沟内，一捆一捆摆放好，插条之间的空隙填上湿沙（手握成团，一触即散），边填边晃动插条，使湿沙与插条充分接触，空隙的湿沙填好后，在种条顶部覆盖 3～5 厘米厚的湿沙。西北地区一般覆土 15～30 厘米厚，可安全越冬。大量贮藏时应每隔 2 米插一捆作物秸秆以便通气。

在种条贮藏前，应用 5% 或 5 波美度石硫合剂浸泡数秒钟，进行杀菌消毒。在贮藏时要防干、防霉。

3. 插条的剪截

春季葡萄扦插前 30 天将种条取出，选择节间适中、芽壮、没有霉烂和损伤的种条，每两个芽眼剪成一根插条（长度为 12～15 厘米），也有单个芽眼剪成一根种条的。

剪截插条时，上端剪口在距第一芽眼 2 厘米处平剪，下端剪口在距第二芽眼 0.6～0.8 厘米处，也可以在第二芽眼下面的节上，成 45 度角斜剪，剪口成马蹄形，每 50 根或 100 根捆成一捆。然后放入浓度为 $15 \times 10^{-6} \sim 20 \times 10^{-6}$ 的萘乙酸溶液中浸泡 12～24 小时，取出用清水稍加冲洗，即可进行催根处理。

4. 插条催根技术

催根的方法一般有以下几种，各地区根据当地的情况选择应用。

(1) 冷床催根　冬前应把催根床做好，床的标准是：床宽1.2～1.5 米，深 30～40 厘米，苗床长度视插条数量和地段情况而定（一般苗床长度在 10 米左右）。土壤开始冻结时进行灌水，使催根床结冰，并用稻草或庄稼秆进行覆盖，防止融化。来年 3 月下旬进行催根前，将覆盖物去掉，在苗床底部铺上 7～10 厘米厚的湿沙。把用清水浸泡过的插条捆的下端剪口整齐，倒放在床上，捆与捆要挨紧，在插条的空隙处填满湿沙，插条上面覆盖 3～5 厘米厚的湿沙，并压平，覆盖上塑料薄膜，薄膜上加盖草苫进行保温，床面干燥时可以喷水增加湿度。一般经过 15～20 天就可以产生愈伤组织形成根源基，这时就应停止催根，将种条锻炼 3～5 天后，进行扦插。

(2) 火炕催根　一般利用育甘薯苗的火炕，其做法是在火炕上铺一层塑料薄膜，在薄膜上均匀铺上 4～5 厘米厚湿河沙，然后将浸泡过的插条一捆挨一捆排放好，间隙用湿沙填满，只微露顶芽，烧炕开温，保持温度 25～28℃，不要超过 30℃以防烧根，一般经15～20 天，就可形成愈伤组织，此时停止加温，将种条锻炼 3～5天后再移到育苗地进行扦插。

(3) 电热催根　一般是利用自动控温仪和电热线增加地温进行催根。具体做法是在有电源的房间内，用砖砌成一个高 30 厘米、宽 1.0～1.5 米、长 3.5～7 米的育苗床，在床底铺上 5～10 厘米厚的锯末或其他保湿材料，上面铺 10 厘米厚湿河沙（含水量为80%），整平压实，床的两侧各固定一根木棍，木棍上面每隔 5 厘米钉一铁钉，然后将电热线从木棍一端铁钉上以"弓"字形拉接到另一端，电热线铺设好后，再用 5 厘米厚的湿河沙将电热线埋住压平，即可接通电源试床温。电热线与自动控温仪的连接方法，详见其使用说明书。将床温度调到 25～28℃以后，将浸泡过的插条一捆挨一捆立放。空隙填满湿沙使顶芽露出，保证湿度，15～20 天即可形成愈伤组织，将种条锻炼 3～5 天后，进行扦插。

5. 扦插育苗技术

（1）育苗地的准备　用作葡萄育苗的地块，应选择在土质疏松、有机质含量高、土壤肥沃、地势平坦、阳光充足、水源充裕、土壤盐分不能超过 0.1%、pH8 以下、病虫害较少的地方。

大面积的苗圃，为合理利用土地和便于管理、提高工作效率，应按土地面积大小和地形，因地制宜地进行规划。通常每 0.5～1 亩设一小区，每 15～20 亩设一大区，区间设大、小走道。10 亩以下的小苗圃酌情安排。苗圃地应施足底肥，每亩施有机肥 5000 千克，施过磷酸钙肥 7.5～10 千克，扦插前育苗地应深翻 40 厘米以上，然后浇足底墒水，晾干后锄松耙平，并培土做畦，准备直插。为防止地下害虫危害幼苗，翻地前后，可撒施 5% 异柳磷粉剂和 3% 异柳磷颗粒剂，以消灭地下害虫。

整畦的标准：畦宽 60～100 厘米、畦高 10～15 厘米，畦与畦的间距为 50 厘米，畦面要平整无异物，然后覆盖上地膜。

（2）扦插

① 时期　一般当地温稳定在 10℃ 以上后，即可进行覆膜扦插。

② 扦插的密度　按株行距 20 厘米×30 厘米的标准进行扦插，每畦 2～3 行。

③ 操作　扦插时先用比插条细的筷子或木棍，通过地膜呈 75 度角戳一个洞，然后把插条插入洞内，插条基部朝南，剪口芽在一侧或北面均可。扦插入土深度，以剪口芽与地面相平为宜。

扦插后立即灌水，小水漫灌将畦灌透，水不能漫上畦面。

6. 扦插苗的管理

初春为了提高地温，除扦插时充分灌水外，还应在 7 天后再灌一次水，以后如果土壤不干旱一般不浇水。当芽萌发后，根据土壤湿度情况，适当灌水 1～2 次。以后的管理方法参照嫁接的管理方法进行。

二、压条育苗

压条育苗是把葡萄 1 年生的枝条或当年生的新梢刻伤后，压入土壤或培养基质中，使其生根，从而培养成新植株的育苗方法。

1. 新梢压条

在生长季，用作压条的新梢长到 1 米左右时进行摘心，让夏芽及早萌发，当夏芽长到 20 厘米时，先在将要压条的地方挖一条深 15 厘米、宽 20 厘米、长度根据枝条情况而定的营养沟，然后将新梢压入沟中，覆上富含有机质的沙土并压实，使副梢直立生长。当副梢长到 50～60 厘米时，摘心并搭架。到秋季一般每个副梢都能长成一棵幼苗。

2. 硬枝压条

春季枝蔓萌芽时，将植株基部的萌蘖枝平缚或平放，待其萌发的新梢长到 20 厘米以上时，将母枝平压于深 15～20 厘米的沟中，新梢顶部露出地面，填土压实，使新梢直立生长。当新梢长至 50～60 厘米时进行摘心，并搭架引缚。秋季，每个新梢可长成一棵幼苗。

压条繁殖由于小苗没有离开母株，并能够得到母株养分和水分的供给，有利于小苗生根和成活，故苗壮成活率高，在生产上得到广泛应用。

三、嫁接育苗

嫁接育苗是为了提高种植品种的某些抗性和繁殖系数，将其嫁接在具有某些抗性的葡萄砧木品种上，增强自身抗性的一种育苗方法。

葡萄嫁接繁殖可用硬枝嫁接和绿枝嫁接两种方法。

1. 绿枝嫁接育苗

绿枝嫁接是指在生长季利用半木质化的一段绿枝作接穗进行嫁接的方法（图 4-2），这种方法接穗来源多，便于大量繁殖，且方法简单、易掌握，成活率高，接口高，不易变自根苗；利用抗性砧木进行嫁接育苗，可增强苗木对不良环境的抗逆性，如抗寒、抗旱、抗涝、抗盐碱、耐瘠薄等；扩大葡萄的种植范围；降低种植成本。

绿枝嫁接技术：绿枝嫁接的接穗，是优良品种的正在生长的当年生新蔓，取其上部幼嫩的或未木质化部分（也可用副梢），以夏芽明显已膨大的最好，一芽一穗，芽上面留 1.5 厘米长、芽下留 3～5 厘米长，最好随采随接，提前采穗者，时间不应过久，要特别注意防止失水。

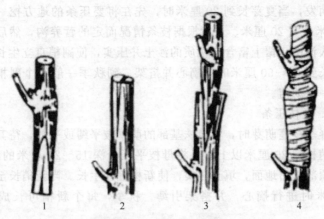

图 4-2　葡萄绿枝嫁接（司祥鳞等，1990）
1—削接穗；2—剪砧木、切接口；3—插接穗；4—塑料带包扎

（1）大树平茬　一般在晚秋或早春将树体平茬，促生根蘖。选5～6枝根蘖培养作砧木，其余清除。当萌条长至6～7片叶时即可进行嫁接。

（2）嫁接时间　当品种新梢达到一定长度时即可进行嫁接，一般在麦收以前嫁接成活率高。嫁接时间过晚，会由于天气高温干燥降低成活率，同时由于接穗成活后生长期短，枝条不易木质化，影响安全越冬。

（3）嫁接方法　先将砧木靠地表约30厘米处剪断，剪口距芽不短于5厘米，下部应留1～2节，挖去芽眼，保留叶片。然后将砧木劈开，劈口长2.5～3厘米。接穗的削法与一般劈接法相同，要剪去叶片，在芽的两侧削两个斜面，斜面长2.5～3厘米。把削好的接穗轻轻插入砧木劈口中，形成层要对齐，再用宽1厘米、长30厘米的塑料薄膜条由下往上缠绕，至接口顶端时再反转向下缠绕，将砧木、接穗所有的劈削部分全部缠绕严密。为减少水分蒸发，有的地方将接穗顶端的剪口用塑料布条扎住或用其他方法封住。

2. 葡萄硬枝嫁接

利用成熟的1年生休眠枝条作为接穗，1年生或多年生枝蔓作砧木进行嫁接为硬枝嫁接，硬枝嫁接用于繁殖新品种或稀有名贵品种及改造劣质品种园。硬枝嫁接也采用劈接法,方法同绿枝嫁接。

在砧木萌芽前后进行。将砧木从接近地面处截断,用劈接法进行嫁接。如砧木较粗,可接两个接穗,关键是接穗插入砧木后,要将接穗和砧木的形成层对齐,然后用塑料薄膜绑扎,如砧木较粗、接穗夹得很紧,不用绑扎也可以,如果嫁接的品种较多或是珍稀品种,在嫁接后应挂牌标明,然后用土封起来,既可保温又可保墒。一般接后 20~30 天即可成活。

3. 嫁接苗的管理

① 嫁接后及时灌水,1 周内保持土壤水分充足、地表潮湿。

② 及时除掉砧木上的萌蘖,集中养分,促进接芽萌发和生长。

③ 当接芽成活后 1 个月左右,接口完全愈合后应解除绑缚的塑料袋和塑料条。

④ 接芽抽生的新梢长到 25 厘米时,要及时搭架引绑,以防感病和折断。

⑤ 每株小苗留一个新梢,副梢全部去除,当主梢生长到 70 厘米时开始摘心,8 月下旬即使苗高不够 70 厘米也应该摘心促苗成熟。

⑥ 在 6 月中旬、7 月中旬随水各追肥 1 次,6 月中旬以速效性氮肥为主,如尿素。如果苗木生长不太好,此时还应叶面喷施浓度为 0.3% 的尿素溶液 1~2 次,土施追肥时,肥料不要离根系太近,以免烧根。7 月中旬追肥以磷、钾肥为主,如过磷酸钙、磷酸二氢钾,也可叶面喷施浓度为 0.3% 的磷酸二氢钾溶液 1~2 次。

⑦ 夏季雨水较多,一般不灌水,并注意及时排水,避免积水;秋季则根据土壤墒情确定灌水次数。

⑧ 病虫害防治:葡萄苗期的病害种类较少,主要病害是叶部的霜霉病和黑痘病,应及时防治。

四、营养钵育苗

生产上利用营养钵育苗,可延长育苗时间,增加繁殖系数。培育营养钵苗的方法为:选择芽眼饱满、无病虫害、无冻害的粗壮枝条,按长 10~15 厘米剪截,留 2~3 个饱满芽。上端离芽眼 1 厘米平剪,下端留 2 厘米斜剪。将剪成的插条放于清水中浸泡 24 小时,使枝条充分吸水，经生根剂处理促进生根。营养钵育苗的全过程见图 4-3～图 4-5 所示。

葡萄芽眼萌发的温度为 10℃ 以上，幼根形成的适宜温度为 25℃左右。可采用地热线或火炕进行催根。将催出根的插条埋植于营养钵内。待长出 3～4 片叶时对葡萄苗进行适应性锻炼，注意适时浇水，10～15 天后即可移栽。

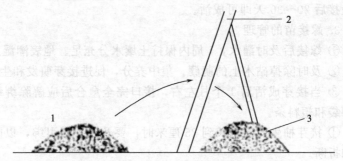

图 4-3　营养土的配制（司祥鳞等，1990）
1—按熟土、河沙、肥料 2：1：1 混合的营养土；
2—铁筛；3—经过筛的营养土

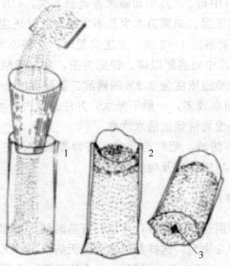

图 4-4　营养土的装置（司祥鳞等，1990）
1—营养土装袋；2—袋口高出袋土；3—袋底孔口

图 4-5 营养钵的摆放（司祥鳞等，1990）

春季往往气温较高、地温低，根系活动慢，造成水分供应不上而出现幼叶枯死现象，为提高绿苗的成活率，一般需要采用地膜覆盖栽培。

五、起苗、出圃、包装

1. 起苗

秋季至土壤封冻前起苗。土壤过干时应浇水后起苗，起苗应在苗木两侧距离20厘米以外处下锨。起苗时亦应避免对地上部分枝干造成机械损伤。起苗后立即根据苗木质量要求对苗木进行修整和分级，捆扎成捆，并及时按品种分别进行贮存。

2. 贮苗

苗木在贮存期间不能受冻、失水、霉变。

3. 出圃

苗木出圃必须附有苗木生产许可证、苗木标签和苗木质量检验证书。

4. 包装

远途运苗，在运输前应用麻袋、尼龙编织袋、纸箱等材料包装苗木。每捆20株。包内要填充保湿材料，以防失水，并包以塑料膜。每包装单位必须附有苗木标签，以便识别。

5. 运输

在运输过程中要严防苗木风干、冻伤和根系发霉，否则将严重影响苗木的成活率，甚至造成春季苗木大批死亡。冬季进行苗木运输前要进行包装，运输时做好苗木的保温、保湿工作。包装苗木多采用塑料袋包装，外面再加一层麻袋，保湿效果较好。

运输苗木时气温不应低于－5℃或高于20℃，以免低温冻伤苗木根系或高温、高湿造成根系霉烂。远途运输过程中还应注意检查温度和湿度，到达目的地后要马上打开包装进行检查，如发现有失水现象，应将苗木在清水中浸泡3～5小时，晾干水分后再定植或贮藏。

第二节　苗木质量标准

葡萄苗木是葡萄生产最基本的生产资料，苗木质量的好坏直接影响着葡萄园进入结果期的早晚和果农的经济效益。

在所有的果树当中，葡萄是最易繁殖的树种之一，常用的苗木有扦插苗、嫁接苗、压条苗、营养钵苗等，成苗多为1年生。1年生普通苗即通过扦插或压条等方法繁殖的、已经生长1年的苗木其质量标准，因繁殖方法不同而略有差异。

一、自根苗的质量标准

葡萄自根苗的质量标准见表4-1。

表 4-1　葡萄自根苗的质量标准

项　　目		级　　别		
		一级	二级	三级
品种纯度/%		≥98		
根系	侧根数量/条	≥5	≥4	≥4
	侧根粗度/厘米	≥0.3	≥0.2	≥0.2
	侧根长度/厘米	≥20	≥15	≤15
	侧根分布	均匀、舒展		
枝干	成熟度	充分成熟、木质化		
	枝干高度/厘米	≥20		
	枝干粗度/厘米	≥0.8	≥0.6	≥0.5
	根皮与枝皮	无新损伤		
	芽眼数/个	≥5	≥5	≥5
	病虫危害情况	无检疫对象		

二、嫁接苗的质量标准

葡萄嫁接苗的质量标准见表 4-2。

表 4-2　葡萄嫁接苗的质量标准

项　目		级　别		
		一级	二级	三级
品种与砧木纯度/%		≥98		
根系	侧根数量/条	≥5	≥4	≥4
	侧根粗度/厘米	≥0.4	≥0.3	≥0.2
	侧根长度/厘米	≥20		
	侧根分布	均匀、舒展		
枝干	成熟度	充分成熟、木质化		
	枝干高度/厘米	≥30		
	接口高度/厘米	10～15		
	粗度 硬枝嫁接/厘米	≥0.8	≥0.6	≥0.5
	绿枝嫁接/厘米	≥0.6	≥0.5	≥0.4
	嫁接愈合程度	愈合良好		
根皮与枝皮		无新损伤		
接穗品种芽眼数/个		≥5	≥5	≥3
砧木萌蘖		完全清除		
病虫危害情况		无检疫对象		

第五章 建园技术

第一节 园地选择与评价

一、园地选择

① 气候条件。适宜葡萄栽培地区的气温为最暖月的平均温度必须在 16.6℃以上，最冷月的平均气温应该在－1.1℃以上，年平均温度 8~18℃。年日照时数在 2000 小时以上，无霜期 120 天以上，年降水量在 800 毫米以内较为适宜，重要的是在葡萄采前 1 个月内的降水量不宜超过 50 毫米。

葡萄休眠期能忍受的低温为－17~－16℃，在－19~－18℃的情况下，芽眼即遭受冻害。冬季绝对平均最低温度低于－15~－14℃时应考虑葡萄越冬埋土防寒，高于－15~－14℃的地区一般不需要埋土防寒。葡萄根系可以忍耐的温度为－5~－4℃。

② 葡萄对土壤的适应能力很强，从沙土、壤土到黏土，不论土层深浅和肥力高低，均可种植葡萄。但应避免在重黏土、重盐碱土或干旱无水利设施的土地上种植。

③ 葡萄产量高，生长迅速，生长期需大量水分供应，葡萄园地必须有灌水和排水条件。

④ 葡萄喜光，园地要有良好的光照、通风条件。在透光的条件下，果实着色良好，糖和维生素 C 含量高，果实耐贮性好。

⑤ 远离鸟兽群集地。葡萄浆果易遭受鸟兽危害，树林或村庄的树木上经常栖息鸟类，容易对葡萄造成危害。建园时最好远离鸟兽群集区，避开鸟兽的危害。

⑥ 葡萄忌连作，不能在老葡萄园上重建，若前作是桃园，也不宜新建葡萄园。

二、不同类型葡萄园地评价

1. 山地葡萄园

光照充足，空气流通，昼夜温差大，葡萄品质好，病虫害轻，但水土容易流失，受干旱影响较大，山地建园要注意保持水土和增施有机肥料，以使葡萄根系有一个良好的生长环境。

2. 滩地葡萄园

昼夜温差大，葡萄成熟早、果实品质好，但肥水更易流失，且通风透光状况较差，后期营养供应不上时植株生长不良，病虫为害严重，沙滩地建园必须注意土壤改良和病虫害防治。

3. 平地葡萄园

土壤肥沃，水分充足，植株生长旺盛，产量高，但因光照、通风、排水条件不如山地优越，葡萄品质和耐贮性相应较差，病虫为害较为严重。

第二节　园地规划

一、作业区划分

为方便排灌和机械作业，应根据地形坡向和坡度划分为若干作业区。划分作业区时，要求同一区内的气候、土壤、品种等保持一致，集中连片，以便于进行有针对性的栽培管理。平地上的葡萄园，每个小区可以考虑为8～10公顷，栽植区应为长方形，长边为葡萄园的行向，一般不应超过100米。在丘陵坡地，应将条件相似的相邻坡面连成小区。在坡度较小的山坡地（5～12度），可沿着等高线挖沟成行栽植；而在坡度较大时（12～25度），需修建水平梯田，梯田面宽2.5～10米，并向内呈2～3度的倾斜，在内侧有小水沟（深10～20厘米），梯田面纵向应略倾斜，以方便排灌水。

二、道路

道路系统规划应根据葡萄园面积大小而定。园区道路有大、中、小三级路面。大路贯穿全园，把园区分成若干大区。每个大区

里面修筑中路或小路将大区分成若干小区。路面宽度以方便运输为
原则。小葡萄园只设工作道路，可直接与园外大道相通，便于运输
和工作即可。

三、排灌系统

排灌系统的规划要与道路系统相结合。

总灌渠、支渠和灌水沟三级灌溉系统（面积较小也可设灌渠和
灌水沟二级），可按 0.5% 比降设计各级渠道的高程。即总渠高于支
渠，支渠高于灌水沟，使水能在渠道中自流灌溉。排水系统分小排
水沟、中排水沟和总排水沟三级，但高程差是由小沟往大沟逐渐降
低。排灌渠道应与道路系统密切结合，一般设在道路两侧（图 5-1）。

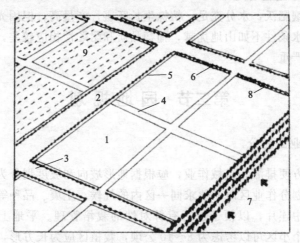

图 5-1　葡萄园小区、道路、水渠分布图（郭大龙，2012）
1—小区；2—主路；3—支路；4—小路；5—主渠；6—支渠；
7—主林带；8—副林带；9—已定植葡萄区

在山区要从高处引水，或从低处抽水，顺梯田壁内侧修小渠进
行灌溉。

无天然水源时，宜 5~10 亩规划一口蓄水池。

四、防护林带

营造防护林有防风固沙和改善园内小气候的作用。大型葡萄园

要设立主、副林带，主林带与风向垂直，副林带与主林带垂直。主林带之间的距离为200～300米，副林带之间的距离为300～400米。

林带以乔木、灌木相结合为宜。常用乔木树种有杨树、榆树、柳树、泡桐、桦树、松树、核桃、君迁子、杜梨、沙枣、板栗、山定子等，常用的灌木树种有紫穗槐、荆条、酸枣、胡枝子、月季、枸杞、花椒等。

小型葡萄园也应在园地周围10～15米以外种植树木进行防护。

五、水土保持

对于建在山坡地的葡萄园一定要注意防止水土流失，在坡度较大的山地应修筑梯田，每一梯田的边缘用石块修砌，并种植深根形的小灌木，如荆条、紫穗槐等灌木。

坡度小于10度的地段，也可不修筑梯田，而采用垄沟栽植法，即在坡地上等高开沟，在沟外缘筑壕，葡萄栽植于沟内侧的壕缘上。壕沟亦应保持0.2%～0.3%的纵向比例，以利于排水。

第三节 栽 植 技 术

一、品种的选择

搞好早、中、晚熟品种搭配。

品种要选适应当地条件、结果早、产量高、品质好、抗病、易管理的优良品种。在埋土防寒地区栽培应选择抗寒砧木，如贝达；在中度以下盐碱地应选择抗盐碱砧木，如5BB、S04等；在土壤黏重地区应选择贝达作为砧木。在根瘤蚜、线虫发生区域，可选高抗根瘤蚜、抗线虫的5BB、S04、101-14、1103P、420A等砧木。

园地较大时，要注意早、中、晚熟品种搭配，以便合理安排劳力，且要选择耐贮藏、运输的品种。一个园品种不能过分单一，最好栽几个主栽品种，以利于异花授粉，提高坐果率。

二、行向和株行距

1. 行向

篱架葡萄一般以南北方向为好，有利于使每行树受光比较均匀。如果东西向栽植，南边一行对北边一行易造成光线遮挡。棚架栽培对葡萄的行向要求不太严格，一般以东西向为好，南北向栽培时以往东爬蔓为最好。

2. 株行距

株行距主要与气候、架式和品种有关。冬季寒冷的北方地区，葡萄需下架防寒，一般多采用棚架，行距不能小于 4 米。生长势特强的品种如龙眼，行距可稍大些（8～10 米）；生长势中庸的品种行距以 4～6 米为宜。棚架蔓距一般为 0.5～0.6 米，因此株距为 0.5～1.8 米。采用抗寒砧木时，行距可适当缩小。篱架适于气候较暖和地区或采用抗寒砧木的情况下，行距 2～3.5 米，株距 1～2.5 米。

为了达到早期丰产的目的，宜进行密植栽培，密植栽培产量能有某种程度的增加，但会对以后几年带来不良影响，例如影响果实着色、黄叶多、落叶早等。生产优质高档葡萄必须适当稀植。不同的栽培方式适用的株行距及每亩定植株数见表 5-1 所示。

表 5-1　栽培方法及定植株数

栽培方式	株行距/米	定植株数/（株/亩）
小棚架	(0.4～0.7)×(3.0～4.0)	237～555
自由扇形	(1.0～2.0)×2.0	333～167
单干双臂	(1.0～2.0)×2.0	333～167
高、宽、垂	(1.0～2.5)×(2.5～3.5)	76～267

3. 栽培架式

葡萄的栽培架式很多，埋土防寒地区多以小棚架和自由扇形的篱架为主；不埋土防寒地区主要树形有"高、宽、垂"、单干双臂的篱架等。建园时必须预先确定栽培架式。

三、栽苗时期

葡萄苗在秋季落叶后到第二年春季萌芽前都可栽植。生产上主要是秋栽和春栽。

1. 秋栽

秋栽是在葡萄苗木落叶后，土壤上冻以前定植；在不埋土防寒地区秋栽效果比较好。因为：

① 秋栽的苗木从起苗到定植的时间比较短，无需假植，对苗木的损伤较小；

② 葡萄苗木的根系与土壤有一个冬季的时间充分接触，来年苗木萌动早、成活率高、生长势强；

③ 减轻了因冬季假植造成的资金和人力投入；

④ 在春季干旱且无灌溉条件的地方秋栽成活率较高；但秋栽和秋收秋种的时间赶到一起，劳力比较紧张，小面积建园可秋栽，大面积建园有一定难度，一般提倡春栽。

2. 春栽

春栽是在土壤解冻后至葡萄萌芽前进行定植。

① 春栽有充分的时间做好定植前的准备。

② 葡萄适宜定植的时间较长，应根据当地的具体情况，选择适当的定植时间。

③ 冬季严寒地区适于春栽，春栽可在土温达到 8～10℃时进行，最迟不应晚于萌芽。北方各省一般以春季栽植为主，当 20 厘米深土温稳定在 10℃左右时即可栽植。

3. 营养钵苗栽植

可以实现葡萄的快速建园。定植时间一般在地温稳定在 12℃以上时进行。定植时间过早易受晚霜危害；定植时间过晚，影响植株的生长，影响植株的生长量和葡萄枝条的老化程度，特别是红地球以及抗霜霉病较差的品种，进入 8 月份以后，随空气湿度加大，易感染霜霉病，造成冬季枝条老化程度极差，越冬性能降低。

四、栽植密度

葡萄的种植密度应根据采用何种架式而定，而架式又与品种、地势、土壤、作业方式有关。一般来讲，生长势强的品种，栽植在土壤肥沃、水热充足的地方，栽植密度宜稀，反之应适当密植。山地和冬季需要埋土防寒的地区，多采用棚架栽培，栽植密度较低，株行距一般为（1.5～2.0）米×（2.0～3.0）米，每亩栽种株数为333～148 株。

五、栽植方法

1. 成苗栽植

栽前苗木处理：先要对苗木适当修剪，剪去枯桩，过长的根系剪留 20～25 厘米，其余根系也要剪出新茬，地上部剪留 2～4 个芽。将苗木在清水中浸泡 24 小时左右，让苗木充分吸水，提高成活率。

利用成苗栽植，一般在春季或秋季进行。

春季定植前，先在回填好的定植沟内确定具体的栽植部位，用白灰做好标记。栽植时间应在灌水沉沟后 5～7 天进行。栽植时以定植穴定植，埋土时，边埋土边轻轻抖动苗木，使根系舒展，并将定植穴内的土壤踩实。栽植后马上灌水。一行苗木栽植完成后，及时整修树盘，灌水。

如果在秋季定植，灌水后 3～5 天土壤见干后，耙地松土，气温降到 0℃左右时将苗木用塑料布覆盖或用土封好。

2. 营养钵苗栽植

当营养钵苗生长到 3～5 片叶以后，外界地温稳定在 15℃以上后，便可定植。

先挖定植沟，沟深 20～25 厘米，沟宽 25 厘米，沟长视地块情况而定。当定植沟挖好后，将锻炼过的葡萄苗，在阴天或下午进行定植，纸钵可带钵定植，塑料营养钵应去钵定植。定植的方法可采用"深沟浅埋"的办法，将绿苗进行沟栽，定植后及时灌水。以后随着葡萄苗木的生长，将沟逐渐填平。

六、直插建园的方法

直插建园是将葡萄种条直接扦插到园地内建园的一种方式。种条扦插成活后，就在园中生长，省去育苗、移栽工序，苗木生长健壮，进入结果和丰产期时间早，还可生产一部分苗木，使用比较广泛。

直插建园的技术要点如下。

1. 选用优良品种的 1 年生健壮种条

选择优良品种，结合冬剪收集种条，应选粗度在 1～1.5 厘米的 1 年生成熟枝条进行贮藏。来年在扦插时将种条剪截成带有 2～3 个饱满芽的插条，并进行催根处理。

2. 深翻施肥

直插葡萄种条的行列，应深翻 50 厘米以上，多施有机肥，每亩 5000 千克，并加入过磷酸钙肥 7.5～10 千克施入肥土中。翻地前后，可撒用 5％异柳磷粉剂或 3％异柳磷颗粒剂或 5％呋喃丹颗粒剂，以消灭地下害虫。

3. 扦插与成活后的管理

园地深翻施肥后，灌一次透水，土干后按照以后生产上的行距，设置畦与畦之间的距离，畦的标准是：畦高 10～15 厘米，畦宽 50 厘米，长度根据地块的情况决定，将畦整直拍平以后覆盖上地膜，然后进行扦插，每畦扦插一行，株距为 20～40 厘米，插后应及时灌水。

插条成活后，当苗高 50～70 厘米时应及时摘心，使幼苗基部增粗。追肥 1～2 次，中耕除草，及时防治病虫害。

第四节　葡萄的架式及设立方法

葡萄是一种多年生蔓性植物，枝蔓细长而柔软，在经济栽培上必须设立支架。设立支架可使植株保持一定的树形，枝叶能够在空间合理地分布，以获得充足的光照和良好的通风条件，并便于在园内进行一系列的管理工作。

葡萄的架式主要有篱架和棚架。

一、篱架

架面与地面垂直，沿着行向每隔一定距离设立支柱，支柱上拉铁线，形状类似篱笆，故称为篱架，又称立架。可分为以下三种类型。

1. 单臂篱架

这是一种最简单、最普通的架式，一般行距 2～3 米，株距 1～2 米，架高为 1.5～2.2 米，超过 1.8 米的单篱架叫高单篱架。每行上每隔 4～6 米设一支柱，支柱上每隔 40～60 厘米拉一道铁丝，第一道铁丝离地面60厘米，往上每隔50厘米拉一道铁丝，枝蔓和新梢分别引缚在各层铁丝上进行生长和结果（图5-2）。

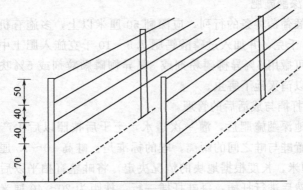

图 5-2　葡萄单壁篱架（单位：厘米）

（郭大龙，2012）

　　优点：通风透光条件好，田间管理方便，又可进行密植栽培，使葡萄园提早进入丰产期，达到前期丰产。

　　缺点：受植株极性生长影响，如果植株控制不当，容易生长势过旺，枝叶密团，结果部位易上移，而下部果穗又离地面较近，易受病虫危害和环境污染。

　　2. 篱棚架

　　是小棚架的一种变形。主要不同点是架根处的架面稍有提高，因而增高了一定的篱架架面，故称为篱棚架。其兼有篱架和棚架的优点，既具有篱架的通风透光条件好、结果早的优点，又具有棚架的管理方便和产量高的优点，是目前比较有发展前途的架式之一。

　　3. "T"字形架

　　又称宽顶单臂篱架。在单臂篱架顶部设一道横梁，长度约0.6~1米。横梁两端各拉一道铁丝，距横梁下方0.3~0.4米处再拉一道铁丝。这种架式可以采用"高、宽、垂"的整形方式。其优点是通风透光好，病害较轻，较单篱架增产，适于机械化管理。

二、棚架

　　棚架是我国应用历史悠久的一种架式。在立柱上设横梁，横梁上每隔 50 厘米拉一道铁丝，共拉 4～9 道铁丝搭成阴棚样式的架子，称为棚架（图 5-3）。分为小棚架和大棚架。

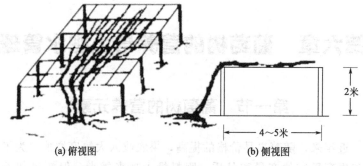

(a) 俯视图　　　　　　　　(b) 侧视图

图 5-3　葡萄水平式大棚架（郭大龙，2012）

1. 小棚架

架长为 4～6 米，架根（靠近植株处）高 1.2～1.5 米，架稍高 1.8～2.2 米。其主要优点是：小棚架相对于大棚架，其架面小、主蔓较短、上下架容易，冬季埋土防寒容易操作；其次是适于多数品种的长势需要，容易调节树势，有利于早期丰产。

2. 大棚架

架长 7 米以上者称为大棚架，在我国老葡萄产区应用较多。其近根端高 1.5～1.8 米，架稍高 2.0～2.5 米，架面倾斜，架长根据品种长势或需要而定。大棚架需架材较多，管理费工，目前有淘汰的趋势。

第六章　葡萄树的营养与土肥水管理

第一节　葡萄树的营养元素

近年来，随着果品价格的提高，果农收入大幅度增加，为了进一步提高果实的产量和品质，肥料投入越来越大，但效果却不理想，甚至出现各种问题，如产量上不去、黄叶、干枝、果面粗糙、死树等问题，如何让果农掌握科学施肥方法和技术，提高肥料的利用效果，减少肥料投入和浪费，下面就从果树的营养需求特点讲起。

一、果树正常生长需要的营养元素

在果树的整个生长期内所必需的营养元素共有 16 种，分别为碳（C）、氢（H）、氧（O）、氮（N）、磷（P）、钾（K）、钙（Ca）、镁（Mg）、硫（S）、铁（Fe）、锰（Mn）、锌（Zn）、铜（Cu）、钼（Mo）、硼（B）、氯（Cl）。

这 16 种必需的营养元素根据果树吸收和利用的多少，又可分为大量营养元素、中量营养元素、微量营养元素。

1. 大量营养元素

它们在植物体内的含量为植物干重的百分之几以上，包括碳（C）、氢（H）、氧（O）、氮（N）、磷（P）、钾（K）共 6 种。

2. 中量营养元素

有钙（Ca）、镁（Mg）、硫（S），它们在植物体内的含量为植物干重的千分之几，共 3 种。

3. 微量营养元素

有铁（Fe）、锰（Mn）、锌（Zn）、铜（Cu）、钼（Mo）、硼（B）、氯（Cl）。它们在植物体内含量很少，一般只占植物干重的万分之几到千分之几，共 7 种。

通过多年的科学研究证明，上述 16 种营养元素是所有果树在正常生长和结果过程中所必需的，每种营养元素都有独特的作用，尽管果树对不同营养元素的吸收量有多有少，但缺一不可，不可相互替代，同时各种元素之间互相联系，相互制约，缺少任何一种营养成分都会造成其他营养的吸收困难，造成果树缺乏营养元素和肥料浪费。

二、各种营养元素对果树的生理作用

1. 大量元素对果树的生理作用

（1）氢（H）元素和氧（O）元素 这两种元素必须合在一起成为水才能对果树起到营养作用，水是果树最重要的营养肥料，吸收和利用最多。

① 水是光合作用的原料；

② 是果实和树体最重要的组成成分；

③ 蒸腾降温；

④ 是运送营养的载体；

⑤ 参与各种代谢活动。

（2）碳（C）元素 是光合作用的原料，和水结合在太阳光能的作用下，在果树叶片内形成葡萄糖，然后转化为各种营养成分，如维生素、纤维素等。

（3）氮（N）元素 氮是果树的主要营养元素之一，含量占百分之几或更高，同时也是原始土壤中不存在，但影响果树生长和形成产量的最重要的元素之一。

① 氮是植物体内蛋白质、核酸以及叶绿素的重要组成部分，也是植物体内多种酶的组成部分。同时植物体内的一些维生素和生物碱中都含有氮。

② 氮素在植物体内的分布，一般集中于生命活动最活跃的部分（如新叶、新枝、花、果实），能促进枝叶浓绿，生长旺盛。氮素供应的充分与否和植物氮素营养的好坏，在很大程度上影响着植物的生长发育状况。果树发育的早期阶段，氮素需要多，是氮营养特别重要的阶段，在这些阶段保证正常的氮营养，能促进生育，增

加产量。

③ 果树具有吸收同化无机氮化物的能力。除存在于土壤中的少量可溶性含氮有机物，如尿素、氨基酸、酰胺等外，果树从土壤中吸收的氮素主要是铵盐和硝酸盐，即铵态氮和硝态氮。

④ 果树对氮素的吸收，在很大程度上依赖于光合作用的强度，施氮肥的效果往往在晴天较好，因为吸收快。

⑤ 氮素缺乏时植株生长停顿，老叶片黄化脱落。但施用过量，容易徒长，妨碍花芽形成和开花。

⑥ 葡萄需氮量较高，以叶片中最多，占树体总氮量的38.9％，其次为果实中的含量，老枝中含量最少。葡萄在一年中均可吸收氮素，但以生长前期为多。如将全年的吸收量定为100％，则萌芽期的吸收量为12.9％，开花期以前的吸收量为51.6％。因此，在葡萄种植上，氮肥应以前期施入为主。

葡萄缺氮时，茎蔓生长势弱，停止生长早，皮层变为红褐色；叶片变得小而薄，呈淡绿色，易早衰脱落；果实小，但着色好。

(4) 磷（P）元素对果树的生理作用

① 磷在果树中的含量仅次于氮和钾。磷对果树营养有重要的作用。

② 磷在果树内参与光合作用、呼吸作用、能量储存和传递、细胞分裂、细胞增大等过程。

③ 磷能促进早期根系的形成和生长，提高果树适应外界环境条件的能力，有助于果树耐过冬天的严寒。

④ 磷能提高果实的品质。

⑤ 磷有助于增强果树的抗病性。

⑥ 磷有促熟作用，对果实品质很重要。

⑦ 葡萄在新梢生长旺盛期和果粒增大期对磷的吸收达到高峰。相对于氮和钾，磷的需求量较少，仅为氮的一半，钾的42％。果实中磷的含量最多，占葡萄植株中总磷量的50％左右，其次为叶片、新根和新梢，老枝中含磷量最少。

葡萄植株缺磷时，叶片呈暗绿色，叶面积小，从老叶开始叶缘先变为淡黄，然后变为淡褐，继而黄色部分向内扩展。缺磷时，秋季失绿叶坏死，以后整个叶片干枯。

（5）钾（K）元素对作物的生理作用　钾是果树的主要营养元素之一，也是土壤中常因供应不足而影响果实产量的三要素之一。钾对果树的生长发育也有重要作用，但它不像氮、磷一样直接参与构成生物大分子。它的主要作用是在适量的钾存在时，植物的酶才能充分发挥作用。

① 钾能够促进光合作用。有资料表明含钾高的叶片比含钾低的叶片多转化光 50％～70％。在光照不好的条件下，钾肥的效果更显著。钾还能够促进碳水化合物的代谢、促进氮素的代谢，使果树有效利用水分和提高果树的抗性。

② 钾能促进纤维素和木质素的合成，使树体粗壮。

③ 钾充足时，果树抗病能力增强。

④ 钾能提高果树对干旱、低温、盐害等不良环境的耐受力。

⑤ 土壤缺乏钾的症状是：首先从老叶的尖端和边缘开始发黄，并渐次枯萎，叶面出现小斑点，进而干枯或呈焦枯状，最后叶脉之间的叶肉也干枯，并在叶面出现褐色斑点和斑块。

⑥ 葡萄缺钾时，叶缘失绿，新梢中部叶片的叶缘呈黄褐色，以后逐渐扩大到主脉间失绿，接着叶片边缘焦枯，并向上或向下弯曲，严重时，老叶发生许多坏死斑点，脱落后形成许多小洞。另外，缺钾的植株果实小且成熟度不一致。

2. 中量元素对果树的生理作用

（1）钙（Ga）元素

① 钙是构成植物细胞壁和细胞质膜的重要组成成分；参与蛋白质的合成，还是某些酶的活化剂；能防止细胞液外渗。

② 提高耐贮藏能力。

③ 抑制真菌侵袭，降低病害感染。

④ 钙能降低土壤中某些离子的毒害。

果树缺钙时，树体矮小，根系发育不良，茎和叶及根尖的分生组织受损。严重缺钙时，幼叶卷曲，新叶抽出困难，叶尖之间发生粘连现象，叶尖和叶缘发黄或焦枯坏死，根尖细胞腐烂死亡。

⑤ 葡萄需钙量较大，其果实中的含钙量达 0.57％。钙能促进葡萄根系生长。试验表明，充足的钙能增加欧亚种葡萄果实的糖分和香气。

葡萄缺钙后，主要表现在幼叶叶脉间及叶缘褪绿，随后近叶缘处出现针眼状坏死斑点，茎的尖端顶枯。

（2）镁（Mg）元素

① 镁是叶绿素的重要组成部分，是各种酶的基本要素，参与果树的新陈代谢过程。镁供应不足，叶绿素难以生成，叶片就会失去绿色而变黄，光合作用就不会进行，果实产量就会减少。

② 果树缺镁时的症状首先表现在老叶上，开始时叶的尖端和叶缘的脉尖色泽褪淡，由淡绿变黄再变紫，随后向叶基部和中央扩展，但叶脉仍保持绿色，在叶片上形成清晰的网状脉纹；严重时叶片枯萎、脱落。

③ 葡萄叶片一般含镁 0.23%～1.08%，浆果中含镁 0.01%～0.25%。葡萄缺镁时，先是老叶叶脉间褪绿，接着脉间发展成带状黄化斑块，从叶片的内部向叶缘扩展，逐渐黄化，最后叶肉组织黄褐坏死，仅叶脉保持绿色。

（3）硫（S）元素　硫是蛋白质的组成成分。缺硫时蛋白质形成受阻；在一些酶中也含有硫，如脂肪酶、脲酶都是含硫的酶；硫参与果树体内的氧化还原过程；硫对叶绿素的形成也有一定的影响。

果树缺硫时的症状与缺氮时的症状相似，变黄比较明显。一般症状是树体矮小，叶细小，叶片向上卷曲，变硬易碎，提早脱落，开花迟，结果、结荚少。

3. 微量元素

（1）铁（Fe）元素

① 铁是形成叶绿素所必需的，缺铁时产生缺绿症，叶片呈淡黄色，甚至为白色。

② 铁参与细胞的呼吸作用，在细胞呼吸过程中，它是一些酶的成分。

③ 铁在果树树体中流动性很小，老叶中的铁不能向新生组织中转移，不能被再度利用。因此缺铁时，下部叶片常能保持绿色，而嫩叶上呈现失绿症。

④ 常用的铁肥有硫酸亚铁、硫酸亚铁铵以及螯合态铁。硫酸亚铁含铁量为 19%，易溶于水，是最常用的铁肥。

（2）锰（Mn）元素

① 锰是多种酶的成分和活化剂，能促进碳水化合物的代谢和氮的代谢，与果树生长发育和产量有密切关系。

② 锰与绿色植物的光合作用、呼吸作用以及硝酸还原作用都有密切的关系。缺锰时，植物光合作用明显受到抑制。

③ 锰能加速萌发和成熟，增加磷和钙的有效性。

缺锰症状：缺锰症状首先出现在幼叶上，表现为叶脉间黄化，有时出现一系列的黑褐色斑点。

（3）锌（Zn）元素

① 锌能提高植物光合速率。

② 锌可以促进氮的代谢，是影响蛋白质合成最为突出的微量元素。

③ 锌能提高果树抗病能力。

④ 缺锌症状：除叶片失绿外，在枝条尖端常出现小叶和簇生现象，称为"小叶病"。严重时枝条死亡，产量下降。

⑤ 葡萄缺锌时，首先主副梢的先端受害，叶片变小，即小叶病。叶柄洼变宽，叶片斑状失绿，节间短。某些品种则易发生果穗稀疏、大小粒不整齐和种子少的现象。

⑥ 硫酸锌、氧化锌和碱式硫酸锌是最常用的锌肥。其中硫酸锌含量有 23% 和 35% 两种。氧化锌含锌量为 78%，碱式硫酸锌含锌量为 55%。

（4）铜（Cu）元素对作物的生理作用

① 铜是作物体内多种氧化酶的组成成分，在氧化还原反应中铜有重要作用。

② 参与植物的呼吸作用，影响果树对铁的利用，在叶绿体中含有较多的铜，铜与叶绿素形成有关。铜还具有提高叶绿素稳定性的能力，避免叶绿素过早遭受破坏，有利于叶片更好地进行光合作用。

③ 增强果树的光合作用。

④ 有利于果树的生长和发育。

⑤ 增强抗病能力（波尔多液）。

⑥ 提高果树的抗旱和抗寒能力。

缺铜症状：缺铜时，叶绿素减少，叶片出现失绿现象，幼叶的叶尖因缺绿而黄化并干枯，最后叶片脱落。缺铜也会使繁殖器官的发育受到破坏。

（5）钼（Mo）

① 促进生物固氮。

② 促进氮素代谢。

③ 增强光合作用。

④ 有利于糖类的形成与转化。

⑤ 增强抗旱、抗寒、抗病能力。

⑥ 促进根系发育。

缺钼症状：果树矮小，生长受抑制，叶片失绿，枯萎以致坏死。

（6）硼（B）元素

① 促进花粉萌发和花粉管生长，提高坐果率和果实正常发育。

② 硼能促进碳水化合物的正常运转和蛋白质代谢。

③ 增强果树抗逆性。

④ 有利于根系生长发育。

缺硼症状：在植物体内含硼量最高的部位是花，缺硼常表现结果率低、果实畸形，果肉有木栓化或干枯现象。

⑤ 葡萄幼树缺硼，顶端的节间较短，形成褐色的水浸状斑点；幼叶失绿而且较小，畸形，向下弯曲，无籽小果增多。

硼砂、硼酸是常用的硼肥。一般硼砂含硼量为54%，溶于40℃热水中。硼酸含硼量为36%，易溶于水。

（7）氯（Cl）元素

① 适当的氯能促进K^+和NH_4^+的吸收。

② 参与光合作用中水的光解反应，起辅助作用，使光合磷酸化增强。

③ 对果树生长有促进作用。

第二节　葡萄园土壤管理技术

一、不同类型土壤的特点

土壤是由不同粒径的土粒组成。土粒分为沙粒、粉粒、黏粒，见表 6-1。

表 6-1　中国制土粒分级标准

粒级名称		粒径/毫米
石砾		1～3
沙粒	粗沙粒	0.25～1.00
	细沙粒	0.05～0.25
粉粒	粗粉粒	0.01～0.05
	中粉粒	0.005～0.010
	细粉粒	0.002～0.005
黏粒	粗黏粒	0.001～0.002
	细黏粒	＜0.001

注：来源于熊毅，李庆逵，《中国土壤》，1987。

土壤分为沙质土、壤质土、黏质土，见表 6-2。

表 6-2　中国土壤质地分类　　　　　单位：％

质地组	质地名称	颗粒组成(粒径:毫米)		
		沙粒(0.05～1)	粗粉粒(0.01～0.05)	细黏粒(＜0.001)
沙质土	极重沙土	≥80		＜30
	重沙土	70～80		
	中沙土	60～70		
	轻沙土	50～60		
壤质土	沙粉土	≥20	≥40	＜30
	粉土	＜20		
	沙壤土	≥20	＜40	
	壤土	＜20		
黏质土	轻黏土			30～35
	中黏土			35～40
	重黏土			40～60
	极重黏土			＞60

不同质地土壤的肥力特点如下。

1. 沙质土

① 沙质土含沙粒多，黏粒少，粒间多为大孔隙，但缺乏毛管孔隙，所以透水排水快，但土壤持水量小，蓄水抗旱能力差。

② 沙质土中主要矿物为石英，养分贫乏，又因缺少黏土矿物，保肥能力弱，养分易流失。

③ 沙质土通气性良好，好氧微生物活动强烈，有机质分解快，因而有机质的积累难而含量较低。

④ 沙质土水少气多，土温变幅大，昼夜温差大，早春土温上升快，称为热性土。沙质土夏天最高温度可达60℃以上，过高的土表温度不仅直接灼伤植物，也造成干热的近地层小气候，加剧土壤和植物的失水。

⑤ 沙质土疏松，易耕作，但耕作质量差。

⑥ 对沙质土施肥时应多施未腐熟的有机肥，化肥施用则宜少量多次。在水分管理上，要注意保证水源供应，及时进行小定额灌溉，防止漏水漏肥，并采用土表覆盖以减少水分蒸发。

2. 黏质土

① 黏质土含沙粒少，黏粒多，毛管孔隙发达，大孔隙少，土壤透水通气性差，排水不良，不耐涝。虽然土壤持水量大，但水分损失快，耐旱能力差。

② 通气性差，有机质分解缓慢，腐殖质累积较多。

③ 黏质土含矿质养分较丰富，土壤保肥能力强，养分不易淋失，肥效来得慢，平稳而持久。

④ 黏质土土温变幅小，早春土温上升缓慢，有冷性土之称。

⑤ 黏质土往往黏结成大土块，犁耕时阻力大，土壤胀缩性强，干时田面开大裂、深裂，易扯伤根系。

⑥ 施肥时应施用腐熟的有机肥，化肥一次用量可比沙质土多。在雨水多的季节要注意沟道通畅以排除积水，夏季伏旱注意及时灌溉。

3. 壤质土

① 壤质土所含沙粒、黏粒比例较适宜，既有沙质土的良好通透性和耕性的优点，又有黏土对水分、养分的保蓄性，具有肥效稳而长等优点。

② 壤土类土壤对农业生产来说一般较为理想。不过，以粗粉粒占优势（60%～80%以上）而又缺乏有机质的壤质土的汀板性强，不利于树苗扎根和发育。

二、优质丰产葡萄园对土壤的要求

土壤是葡萄树的重要生态环境条件之一，土壤的理化性状与管理水平，与果树的生长发育与结果密切相关。

1. 土壤管理的目的

① 扩大根域土壤范围和深度，为果树生长创造良好的土壤生态环境。

② 供给并调控果树从土壤中吸收水分和各种营养物质。

③ 增加土壤有机质和养分，增强地力。

④ 疏松土壤，使土壤透气性良好，以利于根系生长。

⑤ 搞好水土保持，为葡萄丰产优质打基础。

2. 优质高效果园需要的土壤条件要求

要求土层深厚，土壤固、液、气三相物质比例适当，质地疏松，温度适宜，酸碱度适中，有效养分含量高。生产中应根据葡萄生长的需要进行土壤改良，为根系生长创造理想的根际土壤环境。

(1) 具有一定厚度（60 厘米以上）的活土层　果树根系集中分布层的范围越广，抵抗不良环境、供应地上部营养的能力就越强，为达到优质、丰产的目的，应为根系创造最适生态层，土壤应具有一定厚度（60 厘米以上）的活土层。

(2) 土壤有机质含量高　高产果园土壤要求有机质含量高，团粒结构良好。有机质经土壤微生物分解后能不断释放果树需要的各种营养元素供果树吸收；有机质能加速微生物繁殖，加快土壤熟化，维持土壤的良好结构；有机质被微生物分解后部分转变成腐殖质，成为形成团粒结构的核心，大量的营养元素吸附在其表面，肥力持久。优质高产园土壤有机质含量至少要达到 1% 以上。

(3) 土壤疏松、透气性强、排水性好　果树根系的呼吸、生长及其他生理活动都要求土壤中有足够的氧气，土壤缺氧时树体的正常呼吸及生理活动受阻，生长停止。优质丰产果园应土壤疏松、透气、排水性好，以保证根系正常生理活动。

三、果园土壤改良方法

建在山地、丘陵、沙砾滩地、盐碱地的果园，土壤瘠薄、结构不良、有机质含量低，土质偏酸或偏碱，对果树生长不利，必须在栽植前后至幼树期对土壤进行改良，改善、协调土壤的水、肥、气、热条件，提高土壤肥力。

深翻有利于打破犁底层，使土壤容重显著减小，促进葡萄根系在下层土壤中的生长，改善根系的生长环境，有利于养分和水分的吸收利用，增加抗逆性，提高葡萄的品质和产量。此外，即使是土壤良好的葡萄园，当深翻增加孔隙度时，不但促进了根系的向下生长，而且还能大幅度增加下层土壤内细根数量，促进养分的吸收。深翻施肥隔年或隔两年进行一次。

1. 适度深翻

对土壤厚度不足 50 厘米、下层为未风化层的瘠薄山地，或 30～40 厘米以下有不透水黏土层的沙地或河滩地，应重视果园的土壤改良。如果园土壤为疏松深厚的沙质壤土，不需要深翻。

（1）深翻时期　根据果树根系的生长物候期的变化，春夏秋三季，都是根系的生长高峰时期，深翻伤根后伤口可愈合并能迅速恢复生长。不同时期深翻，效果不同。

春季深翻：土壤刚刚解冻，土质松软，春季果树需水多，伤根太多会造成树体失水，影响春天果树开花和新梢生长。

夏季深翻：夏季高温，根系生长快，雨量多，深翻后伤根愈合快。夏季深翻可结合压绿肥，减少新梢生长速度，深翻效果好。

秋季深翻：一般在 9 月中旬开始，入冬前结束。

（2）深翻方法　生产上常用的深翻方法有深翻扩穴和隔行深翻等，深翻深度 40～60 厘米，深翻沟要在距树干 1 米往外，以免伤大根。深翻时，表土、心土要分开堆放。回填时先在沟内埋有机物如作物秸秆等，把表土与有机肥混匀先填入沟内，心土撒开。每次深翻沟要与以前的沟衔接，不留隔离带。

（3）深翻注意事项

① 切忌伤根过多，以免影响地上部生长。深翻中应特别注意不要切断 1 厘米以上的大根。

② 深翻结合施有机肥，效果好。

③ 随翻随填，及时浇水，根系不能暴露太久。干旱时期不能深翻，排水不良的果园，深翻后应及时打通排水沟，以免积水引起

烂根。地下水位高的果园，主要是培土而不是深翻。更重要的是深挖排水沟。

④ 做到心土、表土互换，以利心土风化、熟化。

2. 增施有机肥料

（1）有机肥料的特点 所含营养元素比较全面，除含主要元素外，还含有微量元素和许多生理活性物质，包括激素、维生素、氨基酸、葡萄糖、DNA、RNA、酶等，也称完全肥料。多数有机肥料需要通过微生物的分解释放才能被果树根系所吸收，所以又称迟效性肥料，多作基肥使用。

（2）种类 常用的有机肥料有厩肥、堆肥、禽粪、鱼肥、饼肥、人粪尿、土杂肥、绿肥等。

（3）作用

① 有机肥料能供给植物所需的营养元素和某些生理活性物质，还能增加土壤的腐殖质。

② 有机肥中的有机胶质可改良沙土，增加土壤的孔隙度，改良黏土的结构，提高土壤保水保肥能力，缓冲土壤的酸碱度，改善土壤的水、肥、气、热状况。

③ 施用有机肥后，分解缓慢，整个生长期间都可持续不断地发挥肥效；土壤溶液浓度没有忽高忽低的急剧变化。

④ 可缓和施用化肥后引起的土壤板结、元素流失，使磷、钾变为不可给态等的不良反应，提高化肥的肥效。

（4）施用方法 建园时，要尽量多施有机肥。在有机肥不足时，不要全园匀施，集中改良定植位置，以后逐年从定植点扩展培肥范围，保证葡萄根系生长在良好肥沃的土壤环境中。具体标准是每平方米树冠投影面积要施用 15 千克优质有机肥（腐熟鸡、猪、牛等畜粪）和过磷酸钙 0.05～0.1 千克。每亩大约需要 10 吨的有机肥和 35～70 千克的过磷酸钙。当条件不具备时，可以酌减，通过以后逐年添加的方式补充。将有机肥和磷肥与 5～8 倍量的土壤混匀后，分配到定植点的位置堆积。如土壤黏重，有条件时可适当掺入粗沙。

四、果园主要土类的改良

1. 山地红黄壤果园改良

（1）特点

① 红黄壤广泛分布于我国长江以南丘陵山区。该地区高温多雨，有机质分解快、易淋洗流失，而铁、铝等元素易于积累，使土壤呈酸性反应，同时有效磷的活性降低。

② 由于风化作用强烈，土粒细，土壤结构不良，水分过多时，土粒吸水成糊状。

③ 干旱时水分容易蒸发散失，土块又易紧实坚硬。

（2）改善红黄壤理化性状的措施

① 做好水土保持工作　红黄壤结构不良，持水稳定性差，抗冲刷力弱，应做好梯田、撩壕等水土保持工作。

② 增施有机肥料　红黄壤土质瘠薄，缺乏有机质，土壤结构不良。增施有机肥料是改良土壤的根本性措施，如增施厩肥、大力种植绿肥等。

③ 施用磷肥和石灰　红黄壤中的磷素含量低，有机磷更是缺乏，增施磷肥效果良好。在红黄壤中各种磷肥都可施用，但目前多用微酸性的钙镁磷肥。

红黄壤施用石灰可以中和土壤酸度，改善土壤理化性状，加强有益微生物活动，促进有机质分解，增加土壤中速效养分，施用量每亩约 50～75 千克。

2. 盐碱地果园土壤改良

（1）特点

① 土壤的酸碱度可影响果树根系生长，葡萄要求中性到微酸性土壤。

② 土壤中盐类含量过高，对葡萄有害，一般硫酸盐不能超过0.3％。葡萄耐盐能力较差。

③ 在盐碱地果树根系生长不良，易发生缺素症，树体易早衰，产量也低。

（2）改良措施　在盐碱地栽植果树必须进行土壤改良。措施有以下几种。

① 设置排灌系统　改良盐碱地主要措施之一是引淡水洗盐。在果园顺行间隔 20～40 米左右挖一道排水沟，一般沟深 1 米，上宽 1.5 米，底宽 0.5～1.0 米左右。排水沟与较大较深的排水支渠

及排水干渠相连，使盐碱能排到园外。园内定期引淡水进行灌溉，达到灌水洗盐的目的。达到要求含盐量（0.1%）后，应注意生长期灌水压碱、中耕、覆盖、排水，防盐碱上升。

② 深耕施有机肥 有机肥料除含果树所需要的营养物质外，并含有机酸，对碱能起中和作用。有机质可改良土壤理化性状，促进团粒结构的形成，提高土壤肥力，减少蒸发，防止返碱。天津清河农场经验，深耕 30 厘米，施大量有机肥，可缓冲盐害。

③ 地面覆盖 地面铺沙、盖草或其他物质，可防止盐上升。山西文水葡萄园干旱季节在盐碱地上铺 10～15 厘米沙，可防止盐碱上升和起到保墒的作用。

④ 营造防护林和种植绿色作物 防护林可以降低风速，减少地面蒸发，防止土壤返碱。种植绿色植物，除增加土壤有机质、改善土壤理化性质外，绿肥的枝叶覆盖地面，可减少土壤蒸发，抑制盐碱上升。

⑤ 中耕除草 中耕可锄去杂草，疏松表土，提高土壤通透性，又可切断土壤毛细管，减少土壤水分蒸发，防止盐碱上升。施用石膏等对碱性土的改良也有一定作用。

3. 沙荒及荒漠土果园改良

我国黄河中下游的泛滥平原，最典型的为黄河故道地区的沙荒地。

（1）特点

① 其组成物主要是沙粒，沙粒的主要成分为石英，矿物质养分稀少，有机质极其缺乏。

② 导热快，夏季比其他土壤温度高，冬季又比其他土壤冻结厚。

③ 地下水位高，易引起涝害。

（2）改土措施

① 开排水沟降低地下水位，洗盐排碱。

② 培泥或破淤泥层。

③ 深翻熟化，增施有机肥或种植绿肥。

④ 营造防护林。

⑤ 有条件的地方试用土壤结构改良剂。

五、幼龄果园土壤管理制度

1. 幼树树盘管理

幼树树盘即树冠投影范围。树盘内的土壤可以采用清耕或清耕覆盖法管理。耕作深度以不伤根系为限。有条件的地区，可用各种有机物覆盖树盘。覆盖物的厚度，一般在10厘米左右。如用厩肥、稻草或泥炭覆盖还可薄一些。夏季对果树进行树盘覆盖，降低地温的效果较好。沙滩地树盘培土，既能保墒又能改良土壤结构，减少根系冻害。

2. 果园间作

幼龄果园行间空地较多可间作。

（1）好处

① 果园间作可形成生物群体，群体间可相互依存，还可改善微域气候，有利于幼树生长，并可增加收入，提高土地利用率。

② 合理间作既能充分利用光能，又可增加土壤有机质，改良土壤理化性状。如间作大豆，除收获大豆外，遗留在土壤中的根、叶，每亩地可增加有机质约35斤。利用间作物覆盖地面，可抑制杂草生长，减少蒸发和水土流失，防风固沙，缩小地面温变幅度，改善生态条件，有利于果树的生长发育。

（2）对间作物的要求及管理

① 间作物要有利于果树的生长发育，在不影响果树生长发育的前提下，种植间作物。

② 应加强树盘肥水管理，尤其是在间作物与果树竞争养分剧烈的时期，要及时施肥灌水。

③ 间作物要与果树保持一定距离，尤其是播种多年生牧草更应注意。因多年生牧草根系强大，应避免其根系与果树根系交叉，加剧争肥争水的矛盾。

④ 间作物植株要矮小，生育期较短，适应性强，与果树需水临界期错开。

⑤ 间作物应与果树没有共同病虫害，且比较耐阴和收获较早等。

（3）适宜葡萄园间种作物

① 生产上常用的有豆类、葱类和草莓、西瓜、甜瓜、花生等。在一些土壤条件差的地区，葡萄行间间种绿肥，以增肥地力。在葡萄地适当套种小麦有减轻晚霜危害的作用。

② 不宜种植高粱、玉米等高秆作物，因易遮光又与葡萄争夺肥水，且喷药等管理不方便。

③ 为了缓和树体与间作物争肥、争水、争光的矛盾，又便于管理，果树与间作物间应留出足够的空间。当果树行间透光带仅有1~1.5米时应停止间作。

六、成年果园土壤管理制度

成年果园的土壤管理制度如下。

1. 清耕

园内不种作物，经常进行耕作，使土壤保持疏松和无杂草状态。果园清耕制是一种传统的果园土壤管理制度，目前生产中仍被广泛应用。

（1）方法 果园土壤在秋季深耕，春季浅翻，生长季多次中耕除草，耕后休闲。

① 秋季深耕

a. 在新梢停长后或果实采收后进行。此时地上部养分消耗减少，树体养分开始向下运转，地下部正值根系秋季生长高峰，被耕翻碰伤的根系伤口可以很快愈合，并能长出新根，有利于树体养分的积累。

b. 由于表层根被破坏，促使根系向下生长，可提高根系的抗逆性，扩大吸收范围。

c. 通过耕翻可铲除宿根性杂草及根蘖，减少养分消耗。

d. 耕翻有利于消灭地下越冬害虫。

e. 在雨水过多的年份，秋季耕翻后，不耙平或留"锹窝"可促进蒸发，改善土壤水分和通气状况，有利于树体生长发育；在低洼盐碱地留"锹窝"，还可防止返碱。

f. 耕翻深度一般为20厘米左右。

② 春季浅翻

a. 在清明到夏至之间对土壤进行浅翻，深10厘米左右。

b. 此时是新梢生长、坐果和幼果膨大时期，经浅耕有利于土壤中肥料的分解，也有利于消灭杂草及减少水分的蒸发，促进新梢的生长、坐果和幼果的膨大。

③ 中耕除草　生长季节，果园在雨后或灌溉后须进行中耕除草，以疏松表土、铲除杂草、防止土壤水分的蒸发。

（2）果园清耕制的优缺点

① 优点

a. 清耕法可使土壤保持疏松通气，促进微生物繁殖和有机物分解，短期内显著增加土壤有机态氮素。

b. 耕锄松土，可除草、保肥、保水。

c. 有效控制杂草，避免杂草与果树争夺肥水的矛盾。

d. 能使土壤保持疏松通气，促进微生物的活动和有机物的分解，短期内提高速效性氮素的释放，增加速效性磷、钾的含量。

e. 利于行间作业和果园机械化管理。

f. 消灭部分寄生或躲避在土壤中的病虫。

② 缺点

a. 果园长期清耕会使果园的生物种群结构发生变化，一些有益的生物数量减少，破坏果园的生态平衡。

b. 破坏土壤结构，使物理性状恶化，有机质含量及土壤肥力下降。

c. 长期耕作使果实干物质减少，酸度增加，贮藏性下降。

d. 坡地果园采用清耕法在大雨或灌溉时易引起水土流失；寒冷地区清耕制果园的冻害加重，幼树的抽条率高。

e. 清耕法费工、劳动强度大。

③ 果园清耕制一般适用于土壤条件较好、肥力高、地势平坦的果园，果园不宜长期应用清耕制，也不能连年应用，应用清耕制要注意增施有机肥。

2. 生草

在葡萄园的行间实行人工种草或自然生草。其优点是葡萄园生草后，土壤不用耕作，减弱了雨水对地表土层的冲刷，防止水土流失，增加了土壤有机质，改善了土壤的理化性状，促进了土壤团粒结构的发育。生草还可以调节地面温度。生草可以在全园进行，也可以在行间生草，行内清耕。

生草法所用的草种主要有：三叶草、野燕麦、紫云英、毛叶苕、绿豆等。葡萄采用生草后，由于强大的生草根系，截留水分和肥料，常会使葡萄树根系上浮，加剧葡萄树与草争水、争肥的矛盾。因此，葡萄园生草后，要注意及时进行施肥和浇水，防止与葡萄树争水、争肥，并结合草的生长情况进行及时修整。

下面以白三叶草栽培为例进行说明。

白三叶草，也叫白车轴草、荷兰翘摇，为豆科三叶草属多年生宿根性草本植物。白三叶草喜温暖湿润气候，较其他三叶草适应性强。气温降至 0℃ 时部分老叶枯黄，小叶停止生长，但仍保持绿色；耐热性也很强，35℃ 左右的高温不会萎蔫。生长最适温度为 19～24℃。较耐阴，在果园生长良好，但在强遮阴的情况下易徒长。对土壤要求不严格，耐瘠薄、耐酸，不耐盐碱。耐践踏，耐修剪，再生力强。

白三叶草种子细小，播前需精细整地，翻耕后施入有机肥或磷肥，可春播也可秋播，北方地区以秋播为宜。果园每亩播种量为 1 千克以上，多用条播，也可撒播，覆土要浅，1 厘米左右即可。播种前可用三叶草根瘤菌拌种，接种根瘤菌后，三叶草长势旺盛，固氮作用增强。白三叶草的初花期即可刈割。花期长，种子成熟不一致，利用部分种子自然落地的特性，果园可达到自然更新，长年不衰。

白三叶草生长快，有匍匐茎，能迅速覆盖地面，草丛浓厚，具根瘤。白三叶草植株低矮，一般 30 厘米左右，长到 25 厘米左右时进行刈割，刈割时留茬不低于 5 厘米，以利再生。每年可刈割 2～4 次，割下的草可就地覆盖。每次刈割后都要补充肥水。生草 3 年左右后草已老化，应及时翻耕，休闲 1 年后，重新播种。

3. 果园覆草

果园覆草的草源主要是作物秸秆。

① 优缺点

a. 覆草能防止水土流失，抑制杂草生长，减少蒸发，防止返碱，积雪保墒，缩小地温昼夜温差与季节变化幅度。

b. 覆草能增加有效态养分和有机质含量，并防止磷、钾和镁等被土壤固定而成无效态，有利于团粒形成，对果树的营养吸收和生长有利。

c. 但覆草可招致虫害和鼠害使果树根系变浅。

② 果园覆草方法

a. 一般在土壤化冻后进行，也可在草源充足的夏季覆盖。

b. 覆草厚度以 20～30 厘米为宜。

c. 全园覆草不利于降水尽快渗入土壤，降水蒸发消耗多，生产中提倡树盘覆草。覆草前在两行树中间修 30～50 厘米宽的畦埂或作业道，树畦内整平使近树干处略高，盖草时树干周围留出大约 20 厘米的空隙。

③ 果园覆草注意事项

a. 覆草前翻地、浇水，碳氮比大的覆盖物，要增施氮肥，以满足微生物分解有机物对氮肥的需要；过长的覆盖物，如玉米秸、高粱秸等要切短，段长 40 厘米左右。

b. 覆草后在草上星星点点压土，以防风刮和火灾，但切勿在草上全面压土，以免通气不畅。

c. 果园覆草改变了田间小气候，使果园生物种群发生变化，如树盘全铺麦草或麦糠的果园玉米象对果实的危害加重，应注意防治；覆草后不少害虫栖息于草中，应注意向草上喷药。

d. 秋季应清理树下落叶和病枝，防治早期落叶病、潜叶蛾、炭疽病等。

e. 果园覆草应连年进行，至少保持 5 年以上才能充分发挥覆盖的效应。在覆盖期间不进行刨树盘或深翻扩穴等工作。

f. 连年覆草会引起果树根系上移，分布变浅，覆草的果园不易改用其他土壤管理方法。

4. 免耕法

果园利用除草剂防除杂草，土壤不进行耕作，可保持土壤自然结构、节省劳力、降低成本。果园免耕，不耕作、不生草、不覆盖，用除草剂灭草，土壤中有机质的含量得不到补充而逐年下降，造成土壤板结。但从长远看，免耕法比清耕法土壤结构好，杂草种子密度减少后，除草剂的使用量也随之减少，土壤管理成本降低。

免耕的果园要求土层深厚，土壤有机质含量较高；或采用行内免耕，行间生草制；或行内免耕，行间覆草制；或免耕几年后，改为生草制，过几年再改为免耕制。

七、果园土壤一般管理

1. 耕翻

耕翻最好在秋季进行。秋季耕翻多在果树落叶后至土壤封冻前进行，可结合清洁果园，把落叶和杂草翻入土中，既减少了果园病源和虫源，又可增加土壤有机质含量。也可结合施有机肥进行，将腐熟好的有机肥均匀施入，然后翻压即可。耕翻深度为 20 厘米左右。

2. 中耕除草

中耕的目的是消除杂草以减少水分、养分的消耗。中耕次数应根据当地气候特点、杂草多少而定。在杂草出苗期和结籽期进行除草效果较好，能消灭大量杂草，减少除草次数。中耕深度一般为 6～10 厘米，过深伤根，对果树生长不利，过浅起不到中耕的作用。

3. 化学除草

指利用除草剂防除杂草。可将药液喷洒到地面或杂草上除草，简单易行，效果好。选用除草剂时，应根据果园主要杂草种类选用，结合除草剂效能和杂草对除草剂的敏感度和忍耐力，确定适宜浓度和喷撒时期。

喷洒除草剂前，应先做小型试验，然后再大面积应用。

4. 地膜覆盖

① 树下覆膜能减少水分蒸发，提高根际土壤含水量。

② 提高早春土壤温度，促进根系生理活性和微生物活动，加速有机质分解，增加土壤肥力。

③ 增强葡萄树的下部光照，以增加果实糖分和着色度。

④ 促进果实成熟和抑制杂草生长。

第三节　葡萄施肥技术

一、葡萄施肥量的确定

葡萄是多年生果树，每年用肥量的多少取决于植株生长势、树龄和浆果产量、土壤肥料种类等多方面因素。一般是弱树、大树多施，产量高的园地多施，瘠薄地、山地、沙荒地宜多施，肥沃地宜少施。每生产 1 千克葡萄果实需要 2～3 千克有机肥。前期氮肥的施用量适当大些，后期磷钾肥的施用量适当大些。

施肥量＝(吸收量－天然供给量)/肥料吸收率

施肥量是指某一种元素的施肥量。天然供给量是土壤对某种元素的供给，可以通过土壤测定得到，肥料吸收率也可通过测定得到。但在运用该公式进行计算时，会遇到一些麻烦的限制因素，如树体到底吸收了多少元素，土壤实际可供给多少，生产者难以掌握。国内外的研究资料表明，葡萄园每生产 1000 千克浆果需吸收有效氮 5～10 千克，有效磷 2～4 千克，有效钾 5～10 千克。氮、磷、钾的比例为 1：0.4：1。

以上数据可作为确定施肥量的依据。

二、肥料种类

1. 有机肥料

有机肥料是指肥料中含有较多有机物的肥料。有机肥料是迟效性肥料，在土壤中逐渐被微生物分解，养分释放缓慢，肥效期长，有机质转变为腐殖质后，能改善土壤的理化性质，提高土壤肥力，其养分比较齐全，属于完全性肥料，是果树的基本肥料。一般作基肥使用，施入果树根系集中分布层。

2. 化学肥料

又称无机肥料，成分单纯，某种或几种特定矿质元素含量高，肥料能溶解在水里，易被果树直接吸收，肥效快，但施用不当，可使土壤变酸、变碱、土壤板结。一般作追肥用，应结合灌水施用。在化肥中按所含养分种类又分为氮肥、磷肥、钾肥、钙镁硫肥、复合肥料、微量元素肥料等。

（1）氮肥　常用的氮肥有：尿素、氨水、碳酸氢铵、硝酸铵、磷酸铵、磷酸二氢铵、磷酸氢二铵等。

尿素：尿素含氮量 42%～46%，尿素适用于各种土壤和植物，对土壤没有任何不利的影响，可用作基肥、追肥或叶面喷施。

氨水：氨溶于水即成为氨水，含氮量 12%～17%，极不稳定，呈碱性，有强烈的腐蚀性。氨水适用于各种土壤，可作基肥和追肥。施用时必须坚持"一不离土，二不离水"的原则。

碳酸氢铵：简称碳铵，含氮量 17％左右。碳铵适用于各种土壤，宜作基肥和追肥，应深施并立即覆土，切忌撒施地表，其有效施用技术包括底肥深施、追肥穴施、条施、秋肥深施等。

硫酸铵：简称硫铵，含氮量 20％～21％。硫铵适用于各种土壤，可作基肥、追肥和种肥。酸性土壤长期施用硫酸铵时，应结合施用石灰，以调节土壤酸碱度。

（2）磷肥　常用的磷肥有过磷酸钙、重过磷酸钙、钙镁磷肥、磷矿粉等。

过磷酸钙：又称普钙。可以施在中性、石灰性土壤上，可作基肥、追肥，也可作根外追肥。注意不能与碱性肥料混施，以防酸碱中和，降低肥效。主要用在缺磷土壤上，施用要根据土壤缺磷程度而定，叶面喷施浓度为 1％～2％。

重过磷酸钙：又称重钙。重钙的施用方法与普钙相同，只是施用量酌减。在等磷量的条件下，重钙的肥效一般与过磷酸钙相差无几。

钙镁磷肥：适用于酸性土壤，肥效较慢，作基肥深施比较好。与过磷酸钙、氮肥不能混施，但可以配合施用，不能与酸性肥料混施，在缺硅、钙、镁的酸性土壤上效果好。

磷酸一铵和磷酸二铵：是以磷为主的高浓度速效氮、磷二元复合肥，适用于各种土壤，主要作基肥。

（3）钾肥　常用的钾肥有硫酸钾、窖灰钾肥等。

硫酸钾：含氧化钾 50％～52％，为生理酸性肥料，可作种肥、追肥和底肥、根外追肥。

窖灰钾肥：是热性肥料，可作基肥或追肥，适宜用在酸性土壤上，施用时应避免与根系直接接触。

（4）复合肥料　凡含有氮、磷、钾三种营养元素中的两种或两种以上元素的肥料总称为复合肥。含两种元素的叫二元复合肥，含 3 种元素的叫三元复合肥。复合肥肥效长，宜作基肥。若复合肥施用过量，易造成烧苗现象。

复合肥具有物理性状好、有效成分高、贮运和施用方便等优点，且可减少或消除不良成分对果树和土壤的不利影响。常用的复合肥有磷酸一铵、磷酸二铵、硝酸磷肥、磷酸二氢钾及多种掺混复合肥。

（5）微肥　微肥是提供植物微量元素的肥料，如铜肥、硼肥、钼肥、锰肥、铁肥和锌肥等都称为微肥。

常用的微肥有硫酸锌、硫酸亚铁、硫酸锰、硼砂、钼酸铵等。

3. 生物肥

是指一类含有大量活的微生物的特殊肥料。生物肥料施入土壤中，大量活的微生物在适宜条件下能够积极活动，有的可在果树根系周围大量繁殖，发挥自生固氮或联合固氮作用；有的还可分解磷、钾矿质元素供给果树吸收或分泌生长激素刺激果树生长。所以生物肥料不是直接供给果树需要的营养物质，而是通过大量活的微生物在土壤中的积极活动来提供果树需要的营养物质或产生激素来刺激果树生长。

大多数果树的根系都有菌根共生现象，果树根系的正常生长需要与土壤中的有益微生物共生，互惠互利。一方面，有些特定的微生物在代谢过程中产生生长素和赤霉素类物质，能够促进果树根系的生长；另一方面，也有些种类的微生物能够分解土壤中被固定的矿质营养元素，如磷、钾、铁、钙等，使其成为游离状态，能顺利地被根系吸收和利用。有益微生物也能从根系内吸收部分糖和有机营养，供自身代谢和繁殖需要，形成共生关系。因此为了促进果树根系的发育和生长，生产上要求果园有必要每年或隔年施入一定量的腐熟有机肥（含大量有益微生物）或生物肥。

生物肥料的种类很多，生产上应用的主要有根瘤菌类肥料、固氮菌类肥料、解磷解钾菌类肥料、抗生菌类肥料和真菌类肥料等。这些生物肥料有的是含单一有效菌的制品，也有的是将固氮菌、解磷解钾菌复混制成的复合型制品，目前市场上大多数制品都是复合型的生物肥料。

使用生物肥料应注意以下问题。

① 产品质量。检查液体肥料的沉淀与否、浑浊程度；固体肥料的载体颗粒是否均匀，是否结块；生产单位是否正规，是否有合格证书等。

② 及时使用、合理施用。生物肥料的有效期较短，不宜久存，一般可于使用前 2 个月内购回，若有条件，可随购随用。还应根据生物肥料的特点并严格按说明书要求施用，须严格操作规程。喷施生物肥时，效果在数日内即较明显，微生物群体衰退很快，应给予及时补施，以保证其效果的连续性和有效性。

③ 注意贮存环境，注意与其他药、肥分施。干燥通风，避免潮湿，不得阳光直射等。在没有弄清其他药、肥的性质以前，最好将生物肥料单独施用。

三、葡萄的施肥方法

施肥的基本方法分为土壤施用和根外施用两种，又根据施用目的不同分为基肥和追肥。

1. 基肥

基肥是为了给植株提供全年生长发育所需要的大部分肥料，通常施用量较大，占施肥总量的 2/3 左右，以有机肥、迟效肥为主，兼有改良土壤的作用。

根据经验，基肥以秋施为好，生产上多在落叶前进行。基肥秋施有利于有机肥的分解及植株的提早利用，也有利于受伤根系的恢复。

基肥的施肥方法主要为沟施，施肥沟深宜在 40～60 厘米，沟宽 30～40 厘米，长度视扩穴改土和施肥量而定，施用的肥料必须和土充分混合后，回填到施肥沟内。如果是冬季施肥则要随挖沟随施肥随封土，以免风冻伤根，另外，挖施肥沟时忌伤大根，施肥后还要及时灌透水。

2. 追肥

葡萄园光靠基肥有时不能满足生长和结果对营养的需要，因此还应及时追肥。追肥一般用速效性肥料。葡萄追肥前期以追氮肥为主（宜浅些），中后期以磷、钾肥为主（磷肥移动性差，宜深些）。

（1）土壤追肥　可在植株根系主要范围内撒施或穴施。撒施的一定要深翻入土。施肥深度，芽前肥可深些，其余的追肥以浅施为宜，以免伤根。为充分发挥肥效，各次追肥后均应灌水。

氮肥（尿素等）、钾肥可在树盘内两株葡萄间开浅沟把肥料施入，覆土后立即灌水，或在下雨前将肥料均匀撒在地面上，肥料遇雨水溶解进入土壤中。磷肥由于在土壤中不易移动，应尽量多开沟深施。

① 芽前肥 在萌芽前土壤施用，以速效氮肥为主，有条件的可加施少量复合肥。此时施肥有利萌芽和花芽的补充分化。对弱树此次追肥显得尤为重要。对于生长强旺的树，只要树体长势好，此时可不施或少施氮肥。

② 花前肥 在开花前1周使用，一般以速效氮肥为主，适当配合磷、钾肥。生长势旺的树可少施氮。对生长势强、易落花落果的品种，如巨峰，此次追肥可不施，但弱树仍可施用。

③ 催果肥 在幼果迅速膨大期，浆果大小似豌豆粒大小时，开始施用。以速效氮和磷肥为主，适当配合钾肥。此次追肥对增大果粒，促进花芽分化极为重要，不可不施。

④ 着色肥 在浆果刚进入转色期时施用，即在有色品种的浆果刚开始上色，无色品种的浆果开始变软时追肥，此次追肥以钾肥为主，结合施用磷、氮肥。

⑤ 补偿肥 在浆果采收后及时施用，尤其在生长期长的地区，施用此肥效果明显，对加速枝蔓成熟和营养物质的累积十分有利。目前已在我国中、南部地区广为采用。

（2）根外追肥 根外追肥又称叶面喷肥。将肥料溶于水中，稀释到一定浓度后直接喷洒于植株上，通过叶片、嫩梢及幼果等绿色部分进入植物内部，是一种经济、省工、速效的施肥方法。特别是在葡萄需肥临界期，能及时满足葡萄树体的需要。根外追肥是生草果园补充果树营养的最有效方法。根外追肥常用肥料及浓度见表6-3所示。

表6-3 根外追肥常用肥料及浓度

补充元素	肥料名称	浓度/%
氮肥	尿素	0.2~0.5
	硝酸铵	0.1~0.3
	硫酸铵	0.1~0.3
	腐熟人尿	5.0~10.0

续表

补充元素	肥料名称	浓度/%
磷、钾肥	磷酸二氢钾	0.2~0.3
磷、钙肥	过磷酸钙	1.0~3.0
钾肥	草木灰浸出液	1.0~4.0
	硫酸钾	0.2~0.3
硼肥	硼肥或硼砂	0.05~0.32
镁肥	硫酸镁	0.1~0.2
锰肥	硫酸锰	0.1~0.2
铁肥	硫酸亚铁	0.1~0.3
	螯合铁	0.05~0.1
锌肥	硫酸锌	0.3~0.4

根外追肥应注意以下事项。

① 根外追肥之后植株吸收营养物质的效果，取决于空气的温度和湿度、营养液干燥的速度和浓度、盐的成分和酸度、肥料的喷施技术以及植株的年龄和生理状态等。根外追肥的最适温度为18~25℃，空气相对湿度应该是高的，假如喷施时温度高、湿度低，营养液就会很快干燥而不能进入到叶片的组织中去。主要叶面肥料进入叶内的时间也与该种肥料的分子大小有关，具体各种肥料进入叶片的时间见表6-4所示。

表6-4 主要叶面肥料进入叶片的时间

肥料种类	进入叶片时间	肥料种类	进入叶片时间
硝酸态氮	15分钟	氨态氮	2小时
硝酸钾	1小时	氯化钾	30分钟
硫酸镁	30分钟	氯化镁	15分钟

② 根外追肥只能在葡萄生长期内进行，具体喷施时间以上午10点前或下午4点以后较为适宜，阴天更适合，在遇到气温高或与其他药剂混喷时，为防止灼叶，浓度应偏低，并且应避免在晴热天的午间喷洒。

③ 根外追肥应以喷叶片为主，尤其是叶背要细致喷洒，喷雾

要细。要求叶幕上下、里外等部位喷洒周到均匀。

④ 各品种的叶片对药剂的附着能力不同。欧美杂交品种因叶片有茸毛，附着能力强；欧亚品种因叶片光滑无毛，附着能力差，因此需在药剂溶液中加入表面活性剂，如洗衣粉等。

⑤ 根外追肥不能代替基肥和一般追肥，只能是它们的补充。

四、葡萄缺素症的调整

1. 缺硼

① 增施有机肥料，改善土壤理化性状，增加土壤肥力。

② 施入硼砂，可结合基肥施入，一般每亩施 1.5～2 千克。

③ 在花前 1～2 周叶面喷施 0.1%～0.2% 硼砂，也可在生长季每株根施硼砂 30 克左右。

2. 缺镁

① 镁离子与钾离子有拮抗作用，发生缺镁严重的果园应适当减少钾肥的施入量。

② 增施有机肥也可有效地缓解缺镁症状。

③ 生长季叶面追施 0.3%～0.4% 硫酸镁 3～4 次，可减轻病情。

3. 缺锌

在开花前 2～3 周喷施硫酸锌，每 100 千克水中加入 117 克硫酸锌，完全溶解后喷施。

4. 缺锰

① 增施有机肥。

② 在开花前喷施 0.3%～0.5% 硫酸锰 2 次，间隔 1 周左右。

5. 缺氮

① 在施有机肥时混合加入含氮肥料。

② 在生长季追施速效氮肥 2～3 次。

③ 结合生长季喷药，叶面喷施 0.3%～0.5% 尿素溶液 2～3 次。

第四节　葡萄园的灌水与排水

一、灌水

一个丰产葡萄园在灌水上应遵循以下几条原则。

1. 春季出土上架后至萌芽前灌水

此次灌水能促进芽眼萌发整齐，萌发后新梢生长较快，为当年生长结果打下基础，通常把此次灌水称为催芽水。此次灌水要求一次灌透，如果在此期灌水次数过多会降低地温，不利萌芽及新梢生长。

2. 开花前灌水

一般在开花前5～7天进行，这次灌水叫花前水或催花水。可为葡萄开花坐果创造一个良好的水分条件，并能促进新梢的生长。

3. 开花期控水

从初花期至末花期的10～15天时间内，葡萄园应停止供水，否则会因灌水引起大量落花落果，出现大小粒及严重减产。

4. 浆果膨大期灌水

从开花后10天到果实着色前这段时间，果实迅速膨大，枝叶旺长，外界气温高，叶片蒸腾失水量大，植株需要消耗大量水分，一般应隔10～15天灌水一次。只要地表下10厘米处土壤干燥就应考虑灌水，以促进幼果生长及膨大。

5. 浆果着色期控水

从果实着色后至采收前应控制灌水。此期如果灌水过多或下雨过多，将影响果实的糖分积累、着色延迟或着色不良，降低品质和风味，也会降低果实的贮藏性，某些品种还可能出现大量裂果或落果。此期如土壤特别干旱可适当灌小水，忌灌大水。

6. 采收后灌水

由于采收前较长时间的控水，葡萄植株已感到缺水，因此在采收后应立即灌一次水。此次灌水可与秋施基肥结合起来，因此又叫采后水或秋肥水。此次灌水可延迟叶片衰老、促进树体养分积累和新梢及芽眼的充分成熟。

7. 秋冬期灌水

葡萄在冬剪后、埋土防寒前应灌一次透水，叫防寒水，可使土壤和植株充分吸水，保证植株安全越冬。对于沙性大的土壤，严寒地区在埋土防寒以后当土壤已结冻时最好在防寒取土沟内再灌一次水，叫封冻水，以防止根系侧冻，保证植株安全越冬。

目前生产上灌水主要采取漫灌法，即在葡萄地面灌水，每次灌水量以浸湿 40 厘米土层为宜，因此灌水前要整理地面，修好地埂，防止跑水。现代化的滴灌、渗灌、微喷已开始在葡萄园应用，对提高产量和品质、节约用水起到良好作用，应大力推广应用。

二、排水

葡萄园缺水不行，灌水很重要，但园地水分过多会出现涝害。防止葡萄园涝害的措施如下。

① 低洼地不宜建园，已建的葡萄园要通过挖排水沟降低地下水位，抬高葡萄定植行地面。

② 平地葡萄园必须修建排水系统，使园地的积水能在 2 天内排完。

③ 一旦雨量过大，自然排水无效，引起地表大量积水，要立即用抽水机械将园内积水人工排出。

第七章　葡萄树的整形修剪

第一节　葡萄树整形修剪的原理及作用

一、什么是葡萄树整形、修剪

1. 整形

整形是指从葡萄幼树定植后开始，把每一株树都剪成既符合其生长结果特性，又适应于不同栽植方式、便于田间管理的树形，直到树体的经济寿命结束，这一过程叫整形。整形的主要内容包括以下三方面。

（1）架式　葡萄是藤本攀援果树，必须借助于架材才能直立生长，所以应根据园址的地形、地势，品种的特点，需要埋土防寒与否等条件首先确定葡萄的架式，然后根据架式和栽植的密度来具体确定葡萄的树形，根据不同树形的要求和特点及注意事项完成整形。

（2）主干或主蔓高低的确定　主干或主蔓是指从地面开始到第一结果枝组的分枝处的高度。它的高低和树体的生长速度、增粗速度呈反相关关系。栽培生产中，应根据葡萄建园地点的架式、是否需要冬季埋土防寒、土壤肥力、灌溉条件、栽植密度、生长期温度高低、管理水平等方面进行综合考虑。一般情况下，有利于树体生长的因素越多，定干可高些，反之则低些；需要冬季埋土防寒的地区，葡萄树最好选择无主干（多主蔓）或细主干树形，以利于弯曲和埋土。

（3）主蔓的数目　主蔓是指构成葡萄树体骨架的大枝，选留的原则是：在能充分满足占满空间的前提下，主蔓越少越好，修剪上真正做到"大枝亮堂堂，小枝闹攘攘"。

2. 修剪

修剪就是在葡萄的整形过程中和完成整形后，为了维持良好的树体结构，使其保持最佳的结果状态，每年都要对树冠内的枝条，于冬季适度地进行疏间、短截和回缩，于夏季采用抹芽、除梢、摘心等技术措施，以便在一定形状的树冠上，使其枝组之间新旧更替，结果不绝，直到树体衰老不能再更新为止。

二、葡萄树整形修剪的目的

果树整形修剪的目的是为了使其树早结果、早丰产，延长其经济寿命，同时获得优质的果品，提高经济效益，使栽培管理更加方便省工。具体说有以下几点。

1. 通过修剪完成葡萄树的整形

果树通过修剪，使其有合理的架式，结果枝分布均匀，伸展方向和着生角度适宜，主从关系明确，树冠骨架牢固，与栽培方式相适应，为丰产、稳产、优质打下良好的基础。同时通过修剪使树冠整齐一致，每个单株所占的空间相同，能经济地利用土地，并且便于田间的统一管理。

2. 调节生长与结果的关系

果树生长与结果的矛盾是贯穿于其生命过程中的基本矛盾。从果树开始结果以后，生长与结果多年同时存在，相互制约、对立统一，在一定条件下可以相互转化，修剪主要是应用果树这一生物学特性，对不同架式、不同品种、不同树龄、不同生长势的葡萄树，适时、适度地做好这一转化工作，使生长与结果建立起相对的平衡关系，做到树健壮、果优良。

3. 改善树冠光照状况，加强光合作用

葡萄果实中，90%～95%的有机物质都来自光合作用，因此要获得高产，必须从增加叶片数量、增大叶面积系数、延长光合作用时间和提高叶片光合率4个方面入手。整形修剪就是在很大程度上对上述因素发生直接或间接的影响。例如选择适宜的架式，合理开张骨干枝角度，适当减少主蔓数量，降低干高，控制好结果枝组等，改善局部或整体光照状况，从而使叶片光合作用效率提高，有利于成花和提高果实品质。

4. 改善树体营养和水分状况，更新结果枝组，延长树体衰老

整形修剪对果树的一切影响，其根本原因都与改变树体内营养物质的产生、运输、分配和利用有直接关系。如重剪能提高枝条中水分含量，促进营养生长；抹芽、除梢、摘心可以提高剩余枝条的碳水化合物含量，从而使碳氮比增加，有利于花芽形成，提高果实品质；同时，通过对结果枝的更新修剪，做到"树老枝不老"。

总之，整形与修剪可以对果树产生多方面的影响，不同的修剪方法有不同的反应，因此，必须根据果树生长结果习性，因势利导，恰当灵活地应用修剪技术，使其在果树生产中发挥积极的主要作用。

三、修剪对葡萄树的作用

修剪技术是一个广义的概念，不仅包括修剪，还包括许多作用于枝、芽的技术，如抹芽、除梢、摘心等技术工作。整形修剪应可调整不同架式结构的形成，果园群体与果树个体以及个体各部分之间的关系。而其主要作用是调节果树生长与结果。

下面具体谈一下修剪对幼树和结果树的作用。

1. 修剪对幼树的作用

修剪对幼树的作用可以概括成 8 个字：整体抑制，局部促进。

（1）局部促进作用　修剪后，可使剪口附近的新梢生长旺盛，叶片大，色泽浓绿。原因有以下几点。

① 修剪后，由于去掉了一部分枝芽，使留下来的分生组织，如芽、枝条等，得到的树体贮藏养分相对增多。根系、主干、大枝是贮藏营养的器官，修剪时对这些器官没影响，剪掉一部分枝后，使贮藏养分与剪后分生组织的比例增大，碳氮比及矿质元素供给增加，同时根冠比加大，所以新梢生长旺，叶片大。栽培生产中这种现象叫做"修剪如施肥"。

② 修剪后枝条中促进生长的激素增加。据测定，修剪后的枝条内细胞激动素的活性比不修剪的高 90%，生长素高 60%，这些激素的增加，主要出现在生长季，从而促进新梢的生长。

（2）整体抑制作用　修剪可以使全树生长受到抑制，由于去掉了部分枝条，表现为总叶面积减少，树冠、根系分布范围减少，修

剪越重，抑制作用越明显。其原因为：①修剪剪去了一部分同化养分，一亩葡萄修剪后，剪去纯氮 4 千克、磷 1.257 千克、钾 3.7 千克，相当于全年吸收量的 6%～9%，很多碳水化合物被剪掉了。②修剪时剪掉了大量的枝条，使新梢数量减少，因此叶片减少，碳水化合物合成减少，影响根系的生长，由于根系生长量变小，从而抑制地上部生长。③伤口的影响，修剪后伤口愈合需要营养物质和水分，因此对树体有抑制作用，修剪量越大，伤口越多，抑制作用越明显，所以，修剪时应尽量减少或减小伤口面积。

目前，在密植栽培的前提下，葡萄幼树在生产上采取的修剪原则是：轻剪、多留枝，早成花芽早结果，整形、结果两不误。

2. 修剪对葡萄成年树的作用

（1）成年树的特点　成年树的特点是枝条分生级次增多，水分、养分输导能力减弱，加之生长点多、叶面积增加，水分蒸腾量大，水分状况不如幼树。由于大部分养分用于花芽的形成和结果，使营养生长变弱，生长和结果失去平衡，营养不足时，会造成大量落花落果，产量不稳定，果实品种变差。

（2）修剪的作用　修剪的作用主要表现在以下方面。

① 通过修剪可以把衰弱的枝条和细弱的结果枝疏掉或更新，改善了分生组织与树体贮藏养分的比例，同时配合营养枝短截，这样改善了水分输导状况，增加了营养生长势力，起到了更新的作用，使营养枝增多，结果枝减少，光照条件得到改善，所以成年树的修剪更多地表现为促进营养生长，改善生长和结果的平衡关系，因此，连年修剪可以使树体健壮，实现两年丰产的目的。

② 延迟树体衰老　利用修剪经常更新复壮枝组，可防止秃裸，延迟衰老，对衰老树用重回缩修剪配合肥水管理，能使其更新复壮，延长其经济寿命。

③ 提高坐果率，增大果实体积，改善果实品质　这种作用对水肥不足的树更明显。而在水肥充足的树上修剪过重，营养生长过旺，会降低坐果率，果实变小，品质下降。

修剪对成年树的影响时间较长，因为成年树中，树干、根系贮藏营养多，对根冠比的平衡需要的时间长。

第二节　葡萄树整形修剪的依据、时期及方法

一、整形修剪的依据

要搞好葡萄树的整形修剪必须考虑以下几个因素。

1. 不同品种的特性

品种不同，其生物学特性也不同，如在花芽形成难易、花芽分化节位的高低、生长势强弱、果实是否着色、果穗的大小等方面都有差异。因此，根据不同品种的生物学特性，切实采取针对性的整形修剪方法，才能做到因品种科学修剪，发挥其生长结果特点。

2. 树龄和树势

树龄和树势虽为两个因素，但树龄和生长势有着密切关系，幼树至结果前期，一般树势旺盛，生长势力强；而盛果期树生长势中庸或偏弱，生长势力弱。前者在修剪上应做到：小树助大，实行轻剪留枝，多留花芽多结果，并迅速扩大树冠；后者要求大树防老，具体做法是适当重剪、适量结果、稳产优质。

3. 修剪反应

修剪反应是制定合理修剪方案的依据，也是检验修剪好坏的重要指标。因为同一种修剪方法，由于枝条生长势有旺有弱，状态有平有直，其反应也截然不同。怎么看修剪反应，要从两个方面考虑：一个是要看局部表现，即剪口、锯口下枝条的生长，成花和结果情况；另一个是看全树的总体表现，是否达到了所要求的状况，调查过去哪些枝条剪错了，哪些修剪反应较好。因此，果树的生长结果表现就是对修剪反应客观而明确的回答，只有充分了解修剪反应之后，再进行修剪才会做到心中有数，做到正确修剪。

4. 自然条件和栽培管理水平

葡萄树在不同的自然条件和管理条件下，树体的生长发育差异很大，因此修剪时应根据具体情况，如年均温度、降雨量、技术条件、肥水条件，分别采用适当的树形和修剪方法。

二、葡萄树修剪时期和方法

1. 冬季修剪

（1）时间

① 埋土防寒区　有些地区冬季寒冷、葡萄枝蔓需埋土防寒，才能正常越冬，所以为了结合埋土防寒，最佳冬剪时间定在葡萄树落叶后到土壤上冻前。因为在这段时间，葡萄树的养分已经回流，对其进行修剪不会太多地造成养分损失，同时通过修剪，去掉部分枝条，减少枝蔓数量，便于埋土防寒。

② 露地越冬区　最佳冬剪时间为天气转暖、树液流动前的这段时间。因为葡萄在露地越冬情况下，没有保护，如果修剪过早，枝条数已经确定，遇到冬季寒冷，发生冻寒，造成芽或枝条死亡，会对来年产量造成重大影响，所以在天气转暖、树液流动前这段时间进行修剪比较安全。

（2）枝条的修留长度的确定　根据单枝留芽量的多少，将枝条的修留长度分为4种。

① 极短梢修剪，只保留1~2节或仅留茎基部的芽。

② 短梢修剪，留2~4节。

③ 中梢修剪，留5~7节。

④ 长梢修剪，留8节以上。

葡萄结果母枝的剪留长度见图7-1。

修剪长度主要根据品种特性、形成花芽节位的高低、一年生枝条芽的发育情况和树形、架式等具体情况来确定。如篱架，多以

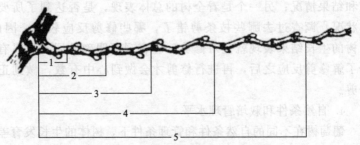

图 7-1　葡萄结果母枝的剪留长度

1—极短梢修剪；2—短梢修剪；3—中梢修剪；4—长梢修剪；5—超长梢修剪

短、中梢修剪为主。棚架龙干整枝，为方便埋土防寒，多以短梢修剪为主。幼龄树整形阶段，多以长梢修剪为主。结果枝和发育枝要用中、长梢修剪，预备枝用短梢或极短梢修剪。

一般生长势旺、结果枝率较低、花芽着生部位较高的品种，如龙眼、牛奶等对其结果母枝的修剪多采用长、中梢修剪；而生长势中等、结果枝率较高、花芽着生部位较低的玫瑰香等品种，修剪多采用中、短梢混合修剪。

总之葡萄树的修剪长度不是一成不变的，可根据具体情况灵活运用。

2. 冬剪的留芽量的确定

冬剪留芽量是指葡萄单株或一定栽培面积上所有植株，在冬剪时剪留的总芽数。留芽量决定下年生长周期内植株的生长量和产量，在栽培上有重要意义。生产上一般只考虑成龄结果树的留芽量。

管理水平、架面大小、期望产量、品质要求，品种自身的萌芽率、成枝率、结果率、果穗重，以及树势强弱等都是影响留芽量多少的因素。

一般是根据管理水平、树体状况定出单位面积的产量指标，再根据所栽品种的萌芽率、成枝率、每果枝平均穗数和穗重，通过计算得出预定产量下的留芽量。可以参考一个简单的公式：

总留芽量＝产量/（平均果穗重×成枝率×萌芽率×结果率）

该公式中的计算因子受环境因素影响较大，应根据自己园地的实际情况，灵活应用该公式进行计算。

3. 对葡萄进行更新管理的方法

对葡萄树进行更新修剪主要有结果母枝的单枝更新、双枝更新以及主蔓更新。

（1）单枝更新（又叫一换一修剪法）

单枝更新（图7-2）冬季修剪只留1个当年生枝，一般进行中、短梢修剪，来年春天萌发后，尽量选留基部生长良好的一个新梢，以便冬剪，作为次年的结果母枝用长枝单枝更新，可结合弓形引缚，使各节均匀萌发新梢，有利于次年的回缩。

单枝更新法简便易于掌握，要求第二年春天要认真做好抹芽定

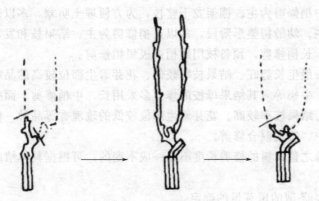

图 7-2 单枝更新修剪

枝的夏季管里工作（抹芽）。

（2）双枝更新（又叫二换二修剪法）

冬季修剪时在每个结果枝组上都留 2 个靠近老蔓的充分成熟的 1 年生枝，上面 1 个适当长留用作来年的结果母枝，下面 1 个短留用作预备枝。结果后冬剪时将上部已经结过果的枝条疏除，从下部预备枝上所抽生的枝梢中选近基部的 2 个枝梢，其中上面 1 枝作为下一年的结果母枝长留，下边枝作为预备枝短留，每年均照此法修剪（图 7-3）。双枝更新留芽量大，易丰产。

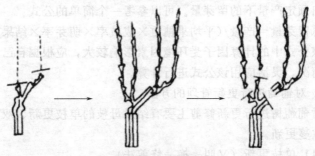

图 7-3 葡萄双枝更新

（3）主蔓更新

随着树龄增加，枝蔓年年修剪，加之埋土防寒时，有时会受伤，枝蔓生长势会逐渐转弱，结果部位上移，造成下部光秃，结果能力降低，必须及时进行更新。更新方法有全部更新、局部更新、压蔓更新等。

① 全部更新　对多主蔓扇形整枝的树形，有较多的主蔓，当其中的一条主蔓衰老后，直接从基部截断，刺激隐芽萌发，从这些隐芽萌发的新梢中选出1～2个新梢，按照多主蔓扇形整枝当中的方法培养成主蔓，按照此种方法可对其余主蔓轮流进行更新。

② 局部更新　对先端衰老、后部还有较好的结果部位的多年生主蔓，可回缩到生长强壮的枝蔓上，除掉先端衰弱部分，起到更新复壮的作用。

③ 压蔓更新　对于先端有较好的枝条，而中后部光秃的主蔓，可以在上架时将发生秃裸的主蔓部分埋于地下，进行压蔓更新，培养新植株结果。

（4）绑蔓技巧

冬剪后，或春季出土后，枝蔓要按树形和修剪要求及时进行绑蔓上架。架面应注意不留空当，使枝蔓均匀分布在架面上。骨干枝要根据树形要求来确定绑缚方向和位置。结果母枝的绑缚，按整形要求进行直立、倾斜或水平绑蔓等。

葡萄蔓的固定引缚常用"猪蹄扣"法（图7-4），既可使绑扎材料牢固绑在架面铁丝上，同时又为新梢留有加粗生长的余地。

图7-4　猪蹄扣捆绑法

三、夏季修剪

1. 夏季修剪的目的

葡萄的新梢在整个生长期内，只要条件适宜可无限延伸生长，并抽生多级副梢，如不加控制将导致架面郁闭，通风透光不良、病害发生严重、枝梢衰弱或徒长，造成花芽分化不良，严重影响果实产量和品质。通过夏季修剪可以削弱和削除这些弊端。

2. 葡萄夏季修剪的内容

包括抹芽、定梢、新梢引缚、主蔓摘心、副梢处理、疏花疏果、果穗修整、去除卷须、摘除老叶及剪梢等技术措施。

3. 抹芽和定梢

抹芽是在芽萌发（1～5厘米）时进行，去除双芽或多芽中的弱芽与多余芽，只保留1个已萌发的主芽（图7-5）。同时也要将多年生蔓上萌发的隐芽除留作培养预备枝以外全部抹除。幼龄树主要是扩大树冠，应除去易发生竞争枝的芽、干扰树形的芽及过瘪的芽。成年树比幼龄树抹芽要多些，老龄树抹芽要重，树势偏旺抹芽要轻些，树势偏弱抹芽要重些。

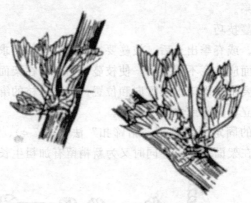

图 7-5　抹芽示意图

定梢是在新梢已显露花序（5～20厘米）时进行，过早分不出结果枝，过晚消耗大量养分。定梢就是要选定当年要保留的全部发育枝，有人将此次夏剪技术称为除梢。注意抹除徒长性新梢，因为它剧烈争夺养分，叶大遮阴，将会影响整个树体生长和树形结构，使良好的新梢处于营养劣势和郁闭位置。这些徒长性新梢，常常发生于棚篱架上。

通过抹芽定梢，树体上保留一定数量的新梢，这就是留枝量。就1株树而言应该留多少新梢，一般来讲，单壁篱架栽培的葡萄，以架面上每隔8～10厘米留1个新梢为宜，双壁篱架每面以14～16厘米留1个新梢为宜。棚架1米^{2}架面可留10～13个新梢。留梢量必须有个适度范围，如果留梢量过多，则叶幕封闭，通风透光不良。开花前不除梢，会影响授粉坐果，病虫害严重，也影响以后浆果的品质；如果留梢量过少，则叶面积不足，产量减少，浪费架面空间。

4. 新梢绑缚

新梢绑缚就是在生长季节将新梢合理绑缚在架面上，使之分布合理均匀，一方面使架面通风透光，另一方面能调节新梢的生长势。应根据枝蔓的强弱不同，采取不同姿势的绑缚技术，强枝要倾斜绑缚，特强枝可水平或弓形引绑（图 7-6），这样可以促进新梢基部的芽眼饱满。弱枝梢要求直立绑缚。小棚架独龙干树形的新梢要求弓形绑缚。绑缚时要防止新梢与铁丝接触，以免磨伤新梢。新梢要求松绑，以利于新梢的加粗生长。铁丝处要扣紧，以免移动；绑缚新梢的材料有塑料绳、稻草等。一般采用双套结绑缚，结扣在铁丝上不易滑动。

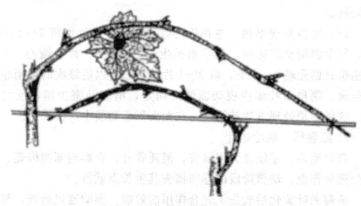

图 7-6 葡萄新梢的弓形引绑

5. 新梢摘心

新梢摘心，俗称打尖、打头，即摘除新梢先端的幼嫩部分，是夏剪的一项重要技术，其主要作用在于调节生长与结果之间的矛盾，常用于提高坐果率、促进新梢加粗生长和花芽分化。生长上最有意义的是花前新梢摘心，它可以使营养生长暂时减缓，使养分在一定时间内主要集中到开花坐果上，有效提高坐果率。对于一些旺长树和易落花落果的品种，该技术十分有效。

新梢摘心时期和方法：新梢花前摘心一般在花前 1 周至始花期

进行。新梢花前摘心的强度主要依据新梢的生长势，一般认为在结果枝最上花序前，以强枝留 6～7 片叶、中壮枝留 5～6 片叶、弱枝留 3～4 片叶摘心为宜。对生长势强的品种强枝摘心轻一些，或在摘心口处多留副梢。发育枝的摘心类似对结果枝的处理，因不考虑结果可适当放轻。

6. 副梢处理

常用保留先端副梢和果穗上副梢全留两种方法。

（1）果穗上副梢全留　主梢摘心后，将花序下的副梢全部抹除，花序上的副梢，则全部保留，并对顶梢以下的副梢留 1～2 片叶反复摘心，先端 1～2 副梢保留 3～4 片叶反复摘心。此种方法费工，但能有效地增加叶量，对于易发生日灼或冬芽易萌发的品种，宜采用此种方法处理副梢。对于幼树和架面较空部位的新梢，应充分利用副梢来增加分枝和增加叶量，在这种情况下可适当保留副梢并轻摘心。

（2）保留先端副梢　主梢摘心时仅在摘心口处保留 1～2 个副梢，其余副梢全部抹除。先端副梢生长后留 3～6 片叶摘心。2 次副梢也只留先端 1～2 个，留 3～4 片叶摘心。以后级次的副梢亦照此处理。副梢留叶多少视架面情况而定，梢多叶密少留，反之多留。这种副梢处理方法较简便，在大面积葡萄园中广泛采用。

7. 除卷须、摘除老叶

栽培葡萄，卷须是无用器官，消耗养分，它影响葡萄绑蔓、副梢处理等作业。幼嫩阶段的卷须摘去其生长点就行。

葡萄老叶黄化后失去了光合作用的效能，影响通风透光，易于病虫害的传播，应及时除去。

第三节　葡萄的主要树形及整形方法

一、单壁篱架单蔓形

1. 特点

适合于密植葡萄园，株距为 60～70 厘米，每株只有一个主蔓，从地面 40 厘米处留一个结果枝组，间隔 10 厘米留第二个结果枝组，依此类推，单株可留 5～7 个结果枝组，每年采用单枝更新或双枝更新修剪法进行修剪即可（图 7-7）。

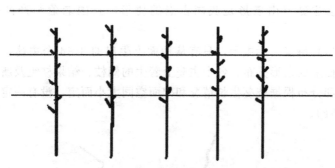

图 7-7 单壁篱架单蔓树形

优点：单壁篱架单蔓形是目前葡萄生产上流行的修剪架式。整形容易，成形快，易于操作，结果早。结果部位在单主蔓上分布均匀、紧凑，结果新梢多、光照好、果实品质好。

缺点：单蔓过粗后，防寒埋土时易造成劈裂，在更新结果部位时产量易受影响。

2. 单壁篱架单蔓形整形方法

① 按株距 60～70 厘米、行距 1.6～2.0 米定植，定植后，每株树只留一个新梢向上生长，所有副梢留 1～2 片叶摘心，当年肥、水加强管理，新梢长到 1.6～1.8 米后摘心，粗度达到 1.2 厘米左右。

② 第一年冬季修剪时自地面以上留 70～80 厘米剪截，萌芽后从 45 厘米处开始留芽，下部全部抹除。上部每间隔 10 厘米留一芽作为结果枝，共留 4～5 个结果枝。

③ 第二年冬季修剪时，顶端枝条留 40 厘米左右修剪。萌芽后，留 3～4 个结果枝。间隔 10 厘米左右。下部枝条要求进行短梢修剪即单枝更新。

④ 第三年及以后冬季修剪时，所有枝条都进行短梢修剪即单枝更新。夏剪时注意控制上强树势。

二、扇形整枝

包括多主蔓自由扇形整枝、多主蔓分组扇形整枝。

1. 多主蔓自由扇形整枝

多主蔓自由扇形是我国古老的树形，我国老葡萄产区仍在应用。

（1）特点 无主干，只有从地面上生出的3～4个主蔓，主蔓在架面上成扇形分布，各个主蔓上着生的侧枝、结果枝组及新梢的数量和分布根据枝蔓生长情况和架面空间大小而定，没有一定规则（图7-8）。

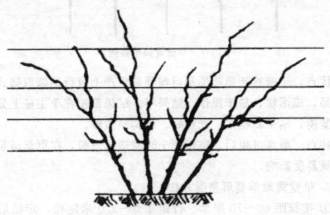

图 7-8 多主蔓自由（自然）扇形

优点：可充分利用架面，成形快，利于早结果、早丰产。

缺点：修剪技术较难掌握，无规则，修剪时既要考虑枝蔓合理分布，发挥架面效能，又要因树、因地、因枝而异，灵活运用。掌握不好易造成枝蔓密集、通风透光条件差、病虫害严重等问题。

（2）篱架多主蔓自由扇形的整形方法 定植当年，对萌发的新梢，采用夏剪技术培养2～4个生长一致的粗壮新梢作为主蔓。方法是：对选定的主蔓不摘心，只抹除主蔓上萌发的副梢，促其快长，当主蔓长到第二道铁丝时进行摘心，8月中旬，即便主蔓没长到第二道铁丝也要进行主蔓摘心，促使枝蔓成熟。对摘心后主蔓上再次萌发的副梢，只留顶部副梢，其余的副梢全部抹除。对留下的副梢也只留3～4片叶进行摘心，以后萌发的副梢均照此处理。冬季根据新梢生长的粗细情况分别在粗度为0.7～1厘米处截断，对剪后低于第一道铁丝的枝蔓，在春季留2～3个芽进行短截，重新培养主蔓。

第二年春季，对主蔓第一道铁丝以下的芽萌发的新梢，除重新培养主蔓的新梢外，全部抹除，第一道铁丝以上的主蔓，其顶部2个芽以下的芽萌发的新梢，如带有花序则留下结果，培养成结果枝；对无花序的新梢，则培养成结果母枝或侧枝。结果母枝的培养方法是：当新梢长到3～4片叶进行摘心，摘心后发出的副梢，只留顶部的副梢，其余的副梢全部抹除，留下的副梢也只留3～4片叶进行摘心，以后再发出的二级或三级副梢也照此处理。对于春季短截的枝蔓，要从基部留1～2个新梢，当新梢长到6～7片叶时进行摘心，只留顶部1个副梢，其余的副梢全部抹除。留下的副梢也只留3～4片叶进行摘心，以后再发出的副梢也照此处理。

对顶芽抽生的新梢，当长到第三道铁丝时，则进行摘心，对于新梢萌发的副梢，每隔20～30厘米留一副梢，将副梢培养成结果母枝或侧枝。对于第二芽抽生的新梢，则培养成侧枝，具体方法是：当新梢长到6～7片叶时进行摘心，对于它上面萌发的副梢，选择间距为20厘米的健壮新梢将其培养成结果母枝。

冬季修剪时对主蔓延长枝在茎粗为0.7～1厘米处截断；侧枝在第一次摘心处截断；对于粗度在0.7厘米以上的结果母枝和结果枝留3～4个芽进行短截修剪，粗度在0.7厘米以下的结果母枝，则从基部疏除；对于新培养的主蔓，在第二道铁丝处进行截断。

第三年全株大量结果，夏季修剪时主要是培养枝组。结果枝组由结果母枝、结果枝和预备枝组成。在抹芽定梢和疏除花穗时，结果母枝基部芽眼抽出的新梢，一般将花序疏掉，留作预备枝，结果母枝前端萌发的新梢，选健壮的新梢留1～2个花序结果，即结果枝。对于侧枝上萌发的新梢，如带有花序则留下结果；无花序的新梢，则每隔20厘米培养成一个结果母枝或侧枝。对新培养的主蔓按培养第二年高于第一道铁丝枝蔓的方法进行培养。冬季修剪时，将结果母枝上的结果枝剪掉，留下预备枝进行更新。其余的修剪方法同第二年冬剪的方法。

第四年主要是更新枝组和调整全株上、下、左、右树势均衡，并根据树势、架面空间，灵活运用长（留7个芽以上）、中（留5～6个芽）、短（3～4个芽）梢相结合的修剪方法。

2. 多主蔓分组扇形整枝

多主蔓分组扇形多用在篱架上。

（1）特点 将3～4个主蔓分3～4组均匀分布在架面上，各主蔓上培养3～5个结果枝组，全树枝组数量，根据架面大小、品种特性及生产目的而定（图7-9）。

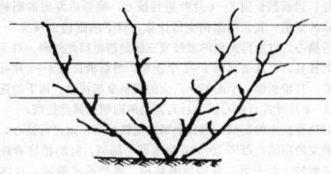

图7-9 多主蔓分组（规则）扇形

优点：修剪技术较简单，架面枝蔓分布规则均匀，通风透光好、树势稳定，产量和品质较高。

缺点：枝蔓易出现上强下弱，应及时更新。

（2）棚架多主蔓分组扇形整形 葡萄树定植当年，按照前面介绍的方法从地面培养2～4个生长一致的健壮主蔓，冬季修剪时，在主蔓粗度0.7～1厘米处截断。

定植第二年春季，将第一道铁丝下、第一芽萌发的新梢培养成侧枝，在侧枝上培养3～4个结果母枝，对它下面的新梢，则全部抹除，第一道铁丝以上，顶部2个芽以下的芽萌发的新梢，如带有花序可以留下结果，但不能留得过多，以免影响主蔓生长。对不带花序的新梢留3～4片叶进行摘心，培养成结果母枝。对于顶芽抽生的新梢，当它长到第三道铁丝时，进行摘心，对新梢上萌发的副梢，选择离第二道铁丝最近的副梢将其培养成侧枝，其余的副梢，则每隔20～30厘米留一强壮副梢，将其培养成结果母枝。顶部副梢则留3～4片叶反复摘心，培养成延长枝。第二芽抽生的新梢如带有花序，则留下结果；如无花序，则培养成结果母枝。

定植第二年冬季对主蔓在第一次摘心处截断，对于侧枝留6～7个芽截断，对粗度在0.7厘米以上的结果母枝和结果枝留3～4个芽进行短截修剪，粗度在0.7厘米以下的结果母枝，则从基部疏除。

定植第三年和第三年以后的修剪方法与篱架多主蔓自由扇形的整形技术基本相同。

三、单干单双臂水平树形

1. 特点

有主干，如果在主干上分生两个主蔓，分别向两个方向水平引缚于铁丝上，然后在两主蔓上各培养3～5个结果母枝，叫单干双臂水平树形。如果将主干直接水平引缚于铁丝上培养结果母枝，叫单干单臂水平树形（图7-10、图7-11）。

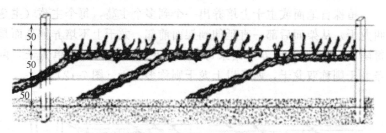

图7-10 单干单臂水平树形

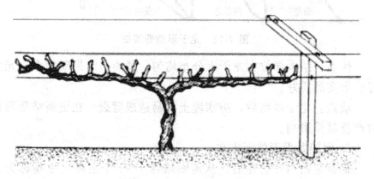

图7-11 单干双臂水平树形

优点：枝蔓分布有规则，修剪技术简单。

缺点：结果面小、产量低，不便更新。

2. 单干双臂形的整形

在栽植的当年，首先培养主干，在埋土防寒地区干高定在10～30厘米；不需要埋土防寒地区采用较高主干，定干高60～70厘米。摘心以后，将基部副梢除去，留顶端3个副梢。待长至半木质化时再除去一个副梢共留2个副梢作为两个臂枝，向两侧引缚，两臂枝长到50厘米以上摘心，以后控制二次副梢发生。次年在每一臂上每隔20～30厘米培养一个结果母枝，结果母枝留2～3个芽眼进行短梢修剪；或每隔一定距离培养一个结果枝组，即有一个结果母枝用于结果，并留7～12个芽眼进行长梢修剪，另一个为预备枝，进行短梢修剪。

四、龙干形

1. 特点

植株自地面或主干上培养出一个到多个主蔓，每个主蔓（主蔓叫龙干）从架面后部一直延伸到架面前部，龙干上不培养侧蔓而是每隔15～20厘米培养一结果母枝，如果是一条龙干称单龙干，两条龙干则称双龙干，两条以上龙干则称多龙干（图7-12）。

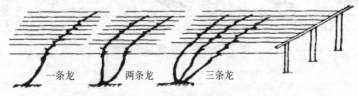

一条龙 　　两条龙 　　三条龙

图7-12 龙干形葡萄植株

优点：结果部位在龙干上分布均匀、紧凑，结果新梢多、光照好、果实品质好。

缺点：龙干过粗后，防寒埋土时易造成劈裂，在更新结果部位时产量易受影响。

2. 棚架龙干形整形方法

葡萄定植当年萌芽后，从地面培养1～4个主蔓（主蔓称为龙干），每个龙干只留顶部新梢生长，其余新梢全部抹除。当新梢长到 1.5 米时（达第一道铁丝上以后）进行摘心，摘心后萌发的副梢，对顶端新梢留 3～5 片叶进行反复摘心，其余副梢留 1～2 片叶反复摘心。冬剪时，龙干在第一摘心处截断引缚于架上。

第二年春季，对 70 厘米以上、顶部新梢以下生长的新梢，每隔 30 厘米留一个强壮新梢，对这一个强壮新梢留 3～4 片叶进行反复摘心，培养成结果母枝，当顶芽萌发的新梢长到第三道铁丝后，便进行摘心，对摘心后顶芽以下重新萌发的副梢，每隔 20～30 厘米留一副梢，当这些副梢长到 3～4 片叶时进行摘心。以后这些副梢上再发出的二级副梢，只留顶部，其余的全部抹除，留下的也只留 3～4 片叶进行摘心，以后再发出的三级、四级等副梢也照此处理，将副梢培养成结果母枝。对龙干 70 厘米以下的新梢则全部抹除。

第二年冬剪时在龙干粗度为 0.7～1 厘米处进行短剪，结果母枝留 3～5 节进行短截。

第三年以后葡萄树开始大量结果，修剪工作主要是稳定树势和对结果母枝的更新。

如果留一条龙干便是独龙干整枝；留两条龙干，就是双龙干整枝；如果龙干留三条或三条以上，就是多龙干整枝。

第四节 葡萄树搭架

葡萄搭架是建园中的一项基础工作，为提早结果和丰产，葡萄定植当年必须把架搭好。

一、架材

葡萄架主要由支柱、铁丝、横梁、锚石组成。支柱是葡萄架的骨干，多用水泥柱，个别也有用石柱、木柱和竹竿作为支柱的。支柱的规格是高 2.3～2.5 米（埋入土深 50 厘米），粗 10 厘米×12 厘米。棚架用柱高度可根据需要而定。

二、支架设立

1. 单篱架

沿葡萄定植行每隔 5～6 米埋 1 根支柱，柱高依架高而定，地下部分需埋土 50 厘米,每行两头的支柱承受压力较大,须选用较粗的支柱,埋入地下的部分也应较深,并在内侧设立顶柱,或在外侧埋设锚石,用 8 号铁丝拉紧,以加强边柱的牢固性。

架高 1.6～2.0 米,第一道铁丝距地面 50 厘米,向上每间隔 40 厘米拉一道铁丝。架面共 4 道铁丝。

2. 倾斜小棚架

在离葡萄行 1 米左右,沿行向每隔 5～6 米设一支柱,在同侧 3～4 米处(根据具体情况而定),再设一排较高的支柱,然后架上倾斜横杆,在横杆上每隔 50～60 厘米拉一道铁丝,棚架两侧牵引锚石固定。拉铁丝时先在一端固定,然后用紧线器从另一端拉紧固定。

第五节　葡萄树整形修剪技术的创新点

一、葡萄树整形修剪过程中,特别要注意调节每一株树内各个部位的生长势之间的平衡关系

每一株树,都由许多大枝和小枝、粗枝和细枝、壮枝和弱枝组成,而且有一定的高度,因此,在进行修剪时,要特别注意调节树体枝、条之间生长势的平衡关系,避免形成偏冠、结构失调、树形改变、结果部位外移、内膛秃裸等现象。要从以下三个方面入手。

1. 上下平衡

在同一株树上,上下都有枝条,但由于上部的枝条光照充足、通风透光条件好,枝龄小,加之顶端优势的影响,生长势会越来越强;而下部的枝条,光照不足,开张角度大,枝龄大,生长势会越来越弱,如果修剪时不注意调节这些问题,久而久之,会造成上强下弱树势,结果部位上移,出现上大下小现象,给果树管理造成很大困难,果实品质和产量下降,严重时会影响果树的寿命。整形修剪时,一定要采取控上促下,抑制上部、扶持下部、上小下大、上稀下密的修剪方法和原则,达到树势上下平衡、上下结果、通风透光、延长树体寿命、提高产量和品质的目的。

2. 里外平衡

生长在同一个大枝上的枝条,有里外之分。内部枝条见光不足,结果早,枝条年龄大,生长势逐渐衰弱;外部枝条见光好,有

顶端优势，枝龄小，没有结果，生长势越来越强，如果不加以控制，任其发展，会造成内膛结果枝干枯死亡，结果部位外移，外部枝条过多、过密，造成果园郁闭。修剪时，要注意外部枝条去强留弱、去大留小、多疏枝、少长放；内部枝去弱留强、少疏多留、及时更新复壮结果枝组，达到外稀里密、里外结果、通风透光、树冠紧凑的目的。

3. 相邻平衡

中央领导干上分布的主枝较多，开张角度有大有小，生长势有强有弱，粗度差异大。如果任其生长，结果会造成大吃小、强欺弱、高压低、粗挤细的现象，影响树体均衡生长，造成树干偏移、偏冠、倒伏、郁闭等不良现象，给管理带来很大的麻烦。修剪时，要注意及时解决这一问题，通过控制每个主枝上枝条的数量和主枝的角度两个方面，来达到相邻主枝之间的平衡关系，使其尽量一致或接近，达到一种动态的平衡关系。具体做法是粗枝多疏枝、细枝多留枝；壮枝开角度、多留果，弱枝抬角度、少留果。坚持常年调整，保持相邻主枝平衡，树冠整齐一致，每个单株占地面积相同，大小、高矮一致，便于管理，为丰产、稳产、优质打下牢固的骨架基础。

二、整形与修剪技术水平没有最高，只有更高

在果园栽植的每一棵树，在其生长、发育、结果过程中，与大自然提供的环境条件和人类供给的条件密不可分。环境因素很多，也很复杂，包括土壤质地、肥力，土层厚薄，温度高低、光照强弱、空气湿度、降雨量、海拔高度，灌水、排水条件，灾害天气等。人为影响因素也很多，包括施肥量、施肥种类，要求产量高低、果实大小，色泽，栽植密度等，上述因素，都对整形和修剪方案的制定，修剪效果的好坏，修剪的正确与否等产生直接或间接的影响，而且这些影响有时当年就能表现出来，有些影响要几年甚至多年以后才能表现出来。举一个例子说明修剪的复杂性和多变性，我们国家 20 世纪 60 年代末期，在北京南郊的一个丰产苹果园举行果树冬季修剪比武大赛，要求有苹果树栽植的省、市各派两个修剪高手参加，每个人修剪 5 棵树，一年后，根据树体当年的生长情况和产量、品质等多方面的表现，综合打分，结果是北京选手得了第

一和第二名，其他各地选手都不及格。难道其他各地选手修剪技术水平差吗？绝对不是，而是他们不了解北京的气候条件和管理方法，只是照搬照抄各自当地的修剪方法，导致这一结果。这个例子充分说明一件事，果树的修剪方法必须和当地的环境条件及人为管理因素等联系起来，综合运用，才能达到理想的效果。所以说，修剪技术没有最高，而是必须充分考虑多方面因素对果树产生的影响，才能制定出更合理的修剪方法。不要总迷信别人修剪技术高，我们常说"谁的树谁会剪"就是这个道理。

三、修剪不是万能的

果树的科学修剪只是达到果树管理丰产、优质和高效益的一个方面，不要片面夸大修剪的作用，把修剪想得很神秘，搞得很复杂，有些人片面地认为，修剪搞好了，就所有问题都解决了，修剪不好，其他管理都没有用，这是完全错误的想法。只有把科学的土、肥、水管理，合理的花果管理，综合的病虫害防治等方面的工作和合理的修剪技术有机地结合起来，才能真正把果树管好了。一好不算好，很多好加起来，才是最好。对于果树修剪来说，就是这个道理。

四、果树修剪一年四季都可以进行，不能只进行冬季修剪

果树修剪是指果树地上部一切技术措施的统称，包括冬季修剪的短截、疏枝、回缩、长放，也包括春季的花前复剪，夏季的扭梢、摘心、环剥，秋季的拉枝、捋枝等技术措施。有些地方的果农朋友只搞冬季修剪，而生长季节让果树随便长，到了第二年冬季又把新长的枝条大部分剪下来。这种做法的错误是一方面影响了产量和品质（把大量光合产物白白地浪费了，没有变成花芽和果实）；另一方面浪费了大量的人力和财力（买肥、施肥）。果农朋友们，这种只进行冬季修剪的做法已经落后了，当前最先进的果树修剪技术是加强生长季节的修剪工作，冬季修剪作为补充，谁的果树做到冬季不用修剪，谁的技术水平更高。笔者把果树不同时期的修剪要点总结成 4 句话告诉果农朋友：冬季调结构（去大枝），春季调花量（花前复剪），夏季调光照（去徒长枝、扭梢、摘心），秋季调角度（拉枝、拿枝）。

第八章　花果管理与其他管理

第一节　疏花疏果与保花保果

一、疏花疏果技术

疏花包括疏花序和花序整形，疏果包括疏果穗和疏果粒（包括除副穗、疏小穗和掐穗尖）。

1. 疏花序

开花前根据树势、枝条长势及产量要求，疏除不良花序，包括弱小的、畸形的、过密的和位置不当的花序，使有限的养分集中供应保留的优良花序。对一般鲜食品种来说，原则上强果枝可留 2 个花序，中庸枝留 1 个花序，弱枝不留花序。

疏花序宜尽早进行（开花前 3 周），可结合抹芽和定枝分两次处理。对于落花落果及大小粒严重的巨峰等品种，应当留一定比例的预备花序，等坐果后在疏果穗时继续进行调整。

因气候条件、品种和对质量的要求不同，各地葡萄生产中的营养枝与结果枝的比例即叶果比稍有不同，如日本认为要使巨峰达到高质量要求，必须达到一定的梢果比，全株的叶果比为（12～15）∶1。红地球为大果穗品种，要求较大的营养枝与结果枝的比例，一般营养枝与结果枝的比例为（2～3）∶1，每穗果实需要 12～13 片可以制造养分的成熟叶片。

2. 花序整形

包括除副穗、疏小穗和掐穗尖。一个葡萄花序一般含有 200～500 朵花，巨峰一个标准果穗只需 30～50 个果粒，红地球的一个标准果穗只需 60～80 个果粒，葡萄生理落果会脱落一部分，但剩余的部分还是超过标准。

通常花序尖端及副穗上的花蕾发育差、开花晚，将其疏除可节省养分的消耗，用来改善花序的营养水平，从而使坐果率提高，果穗紧凑，浆果增大，成熟一致，品质明显得到改善。巨峰葡萄通常是掐去花序长度 1/5～1/4 的穗尖，同时去除整个副穗及歧肩的 14～15 个小穗，而且坐果后还要疏果粒。每穗果只留 30～50 个果粒。

对一些果穗紧密的品种（京秀、郑州大无核等）为达到果穗疏松和减轻病害的目的，在开花前喷布 5～10 毫克/千克的赤霉素溶液，可促进花序的伸长。

3. 疏果穗

在谢花后 1 周内、果粒似绿豆大小时进行第一次疏果穗。疏去坐果不良的极疏果穗和病果穗。第二次疏果穗宜在谢花后 2 周坐稳果后进行。果粒似黄豆大小时定果穗，疏除多余的相对较差的果穗，最终保留合理的叶片和果穗的比例。

4. 疏果粒

疏果粒分两次进行，第一次在果粒似黄豆大小时，和疏果穗结合进行，疏掉畸形果、病果。第二次在果实套袋前，疏掉畸形果、小僵果和病果以及过密部位的果粒，确定每穗的最终果粒数，具体标准见表 8-1。

表 8-1　疏果粒的标准

品 种 类 型		每穗果粒数/个	果穗重/千克
有核品种	小果穗品种，如 90-1、郑州早玉、超保、维多利亚等	40～50	0.5
	中果穗品种，如维多利亚、粉红亚都蜜、金手指等	51～80	0.75
	大果穗品种，如里扎马特、红地球等	81～100	1.0
无核品种	小果粒品种（单粒重≤4.0 克）	150～200	0.5
	大果粒品种（单粒重>4.0 克）	100～150	0.5

疏果粒的标准：留下果粒发育正常，果柄粗长，大小均匀一致，色泽鲜绿的果粒；疏去受精不均，向外突出，在果穗中间，果顶向里长，果柄特别短或细长的果粒，以及瘦小果粒、畸形果粒和病虫果粒。

疏果粒时先疏去小果粒和畸形果粒，再疏去密挤的正常果粒。对果粒密度大的品种，可先疏除果粒密挤部位的部分小分枝，再疏单粒；对果粒稀疏的大粒品种如巨峰类，以疏果粒为主，必要时再疏除少量小分枝。

时间：疏果粒在葡萄落花落果后进行较稳妥。疏果粒时要细心，用尖剪刀疏剪时，要避免损伤留下的果粒。

二、保花保果技术

巨峰葡萄因果粒大、抗性强、栽培操作简单，一直是我国的主栽葡萄品种，占我国鲜食葡萄生产总量的 70% 左右。而落花落果严重的现象是其栽培中的最大难题。所以，提高巨峰系葡萄的坐果率一直是葡萄生产中亟待解决的问题。

1. 葡萄落花落果的原因

（1）花器不完全 巨峰胚珠异常一方面是由于遗传原因，另一方面也有在萌芽后花蕾发育过程中分化形成，还有的在花后由于受精不良而使胚珠发育不完全。

（2）贮藏养分不足或过量 贮藏营养不足，影响花器发育和授粉受精。尤其是巨峰品种对贮藏营养反应极敏感，贮藏营养不足很容易造成其严重落花落果。氮素含量过高对花芽的分化不利。

（3）树体营养分配不当 开花时期的有机营养向子房供应的多少是影响巨峰坐果的重要因子。而巨峰的生长势旺盛，新梢易旺长，与花序争夺养分，影响正常的花蕾分化和授粉受精，加剧了巨峰的落花落果。栽培技术不当，氮肥供应过多的土壤，新梢生长过旺，易发生落果；剪截严重，促进生长，易造成落花落果。

（4）外界不良环境 巨峰为完全自花授粉品种，如果花粉和雌蕊正常，授了粉的品种自然就进行受精。但是花期前后，不良的外界环境条件，如降雨、干燥、大风、高温或低温等，对巨峰受精坐果的不良影响显著。

（5）花期感染灰霉病 葡萄灰霉病主要侵染花序、幼果和将要成熟的果实。花序感染以后病部变成水浸状，然后萎蔫、干枯、脱落。该病在开花前低温多湿条件下大量发生，由于发病在花期和幼果期，易造成毁灭性的危害。葡萄灰霉病在我国主要葡萄产区均有发生，是造成葡萄落花落果的原因之一。

2. 防止落花落果的措施

（1）加强后期管理　葡萄采收后，叶片光合产物主要用于树体贮藏积累。加强后期管理，及时防治霜霉病、叶蝉、枝叶部病虫害，保证秋叶的旺盛光合机能，增加树体营养积累，可克服巨峰峰葡萄落花落果。

（2）控氮栽培　巨峰葡萄落花与开花时树体营养有密切关系。凡新梢生长旺盛者，开花时新梢中水溶性氮含量高，碳水化合物含量低，落花严重。采取控氮措施，降低开花时树体内氮素含量，提高碳氮比，可控制树势，减轻落果。根据日本全国葡萄产区的统计结果，巨峰葡萄每亩的氮素平均用量为 5.07 千克，磷 4.53 千克，钾 5.27 千克；而其他品种氮为 9.33 千克，磷 7.20 千克，钾 8.87 千克。从三要素的比例来看，一般品种氮：磷：钾＝100：77：95，而巨峰为 100：90：104，巨峰葡萄的磷钾用量较多。对土层深厚、氮素含量多的土壤，把休眠期施用的氮肥改在落花后施用，可减少开花前树体对氮素的吸收，降低开花前树体氮素的含量，提高树体的碳氮比，减轻落花落果。

（3）花期摘心　临近开花的时期是葡萄从利用贮藏营养向利用当年同化养分转化的养分转折期。为使花器发育健全，必须采取措施，促进当年同化养分充分向花穗转运，这是提高巨峰坐果率的有效措施。根据巨峰系品种生长势强、影响坐果的特点，可以采用摘心、抹芽、去副梢的一系列修剪措施，以抑制副梢的过旺生长，提高坐果率。开花前 5 天左右摘心效果最佳。摘心过早，副梢萌发，反而消耗大量的养分，满足不了开花的需要，可能会降低坐果率。摘心过晚，则失去摘心的作用，达不到提高坐果率的效果。摘心不宜过重，摘心的叶片为正常叶片大小的 1/3。摘心过重，叶片减少，满足不了开花坐果所需的养分，坐果率就会相应降低。

（4）花期喷硼　硼可促进葡萄结实。过沙和过黏重的土壤，碱性土壤，花期过于干旱或低洼积水的葡萄园以及树龄老化的葡萄园容易缺硼。在缺硼情况下，葡萄花冠不脱落，称为"戴帽病"，引起严重的落花落果、花序干缩、结实不良等现象。喷硼有显著提高巨峰葡萄坐果率的作用。即使在不缺硼的条件下，开花前叶片喷硼对防止落果也有显著的作用。陈善德（1982）的研究表明，在开花前 10 天和始花期各喷 1 次 0.1%～0.3%的硼酸溶液，可使巨峰坐果率提高 6.36%。

（5）利用植物生长调节剂提高坐果率　外源激素可以改变内源激素的平衡关系，促进养分向花序的运转，促进巨峰坐果。在 6～10 片叶时喷布 500 毫克/千克多效唑（PP333）或 50～100 毫克/千克矮壮素（CCC）等溶液都可以有效地抑制新梢和副梢的生长，提高坐果率。

（6）环剥　生长势过旺的巨峰，在开花前 7～10 天对主蔓或结果枝进行环剥，可抑制新梢生长，提高坐果率。不同时期环剥的效应不同。主蔓环剥的宽度不宜超过 0.5 厘米，结果枝环剥的宽度为 0.2～0.3 厘米。

（7）合理负载量　葡萄极易形成花芽，结实率很强，且花序和果粒数多，容易引起负载过量，加剧营养竞争，引起落花落果。采用在花前 2～4 周疏除多余的花序，花前 10 天掐花序尖和除副穗等措施，适当限制产量，调整负载量，可有效地缓和树体生长与花蕾、幼果发育之间的养分竞争，促进选留花序的开花坐果。一般鲜食品种产量控制在 1500～2000 千克/亩，酿酒和制汁品种控制在 1300～1500 千克/亩。

（8）花前防治葡萄灰霉病　对葡萄灰霉病在葡萄开花前喷布 800 倍甲基托布津、100 倍多菌灵、800 倍速克灵或 800 倍扑海因等药剂均有很好的防效。

第二节　葡萄无核化处理技术

一、葡萄无核化处理常用调节剂

1. 赤霉素（GA）

主要功能是促进植物分裂和细胞延伸生长，在葡萄开花前应用 GA 处理，能使花粉和胚珠发育异常，是最常用的生长调节剂，一般开花前使用浓度为 50～100 毫克/千克，盛花后处理浓度降低为 25～50 毫克/千克。

2. 促生灵（防落素）

化学名称为 4-氯苯氧乙酸（4-CPA）。其主要功能是提高无核果的坐果率，增大果粒和减轻穗轴的硬化。一般主要在开花前与 GA 混用，浓度为 15 毫克/千克，开花后应用常推迟成熟。

3. 细胞分裂素

目前在葡萄无核化处理中的细胞分裂素有如下两种。

（1）6-苄基嘌呤（BA）　BA 与 GA 合用能提高无核果坐果率，花前与 GA 混合应用还可延长花前处理的有效时间，但 BA 对果粒的增大无明显效果。一般多于开花前与 GA 混合使用，常用浓度为 50～200 毫克/千克。浓度使用不当时易形成小青粒，影响商品质量。

（2）吡效隆（CPPU、4PU、KT-30）　是一种新型的细胞分裂素，其活性强、副作用小、效果稳定。在盛花后 12～15 天用 5～20 毫克/千克的 KT-30 与 20～50 毫克/千克的赤霉素混合处理果穗能明显促进果粒的增大。但在无核品种上应用时处理时间要提前为花后 3～9 天，而不能过晚。

4. 链霉素（SM）

是抗生素而不属于生长调节剂。在诱导无核果的过程中，花前用链霉素处理能抑制花粉和胚珠的发育，从而形成无核果。一般在开花前 10～15 天与 GA 混用，常用浓度为 100～300 毫克/千克。单独使用，常使果粒变小。

二、葡萄果实无核化处理方法

1. 开花前和坐果后各处理一次

对玫瑰露、蓓蕾玫瑰 A、红珍珠等品种，盛花前 14 天于花序下部 2 厘米处花蕾开始散开时，用 100 毫克/千克的 GA 溶液处理花序，然后在盛花后 7～10 天，再用 100 毫克/千克 GA 重复处理一次。其第一次处理目的是诱导无核，第二次是使果实增大。

2. 开花期和坐果后各处理一次

有些品种如先锋等因开花前处理副作用较大，而延迟到始花前至始花期。先用 10～25 毫克/千克 GA 浸蘸花序，待 10～15 天后，再用 25～50 毫克/千克 GA＋5 毫克/千克 BA 混合液重复处理一次。

对巨峰、甜峰等品种进行处理时，为减轻其穗轴硬化程度、提高无子率，可把第一次处理时间略微提前到始花前 2～5 天而第二次处理稍晚一些，在盛花后 10～12 天，GA 浓度减为 25 毫克/千克，这样处理的果实较为理想。

3. 花后一次处理

该方法仅适用于高尾等非整倍体品种，当花冠裂开、子房露出后 3～5 天，用 50～100 毫克/千克 GA 进行蘸穗，只经一次处理即可形成无子大粒的高品质果粒。

作为商品销售的无子果实，其无子率应在 95% 以上，对于高档无核葡萄无核率应达到 100%。

利用生长调节剂形成无子果实，效果随品种不同而有很大差异。其中玫瑰露（底拉洼）、先锋等品种处理后效果最好，容易形成无子果实。吉香、早生高墨、藤稔、玫瑰香也容易进行无核化处理。巨峰是当前国内栽培面积最大的鲜食品种，由于各地栽培管理技术的多样化，在进行无核处理时要根据当地气候、生长、坐果等具体情况预先进行试验，以探求最适当的处理浓度和处理方法。

采前容易裂果或落粒的品种如京优、白香蕉、凤凰 12 等品种要慎用药剂处理。

用于贮藏的品种不宜采用无核或膨大处理，以免影响贮藏效果；用于酿造的品种不需要进行无核化和果实膨大处理。

4. 注意事项

① 赤霉素制剂难溶于水，而可溶于乙醇，使用时先用少量酒精或白酒将赤霉素粉剂溶解后再加水稀释到所需浓度，而赤霉素乳剂或水溶性赤霉素则可直接用水稀释使用。

② 赤霉素不能与碱性物质混合使用，否则分解失效。

③ 赤霉素溶液要随配随用，不宜久放，以免失效。

④ 赤霉素单独使用虽有增大果粒的作用，但也有使果梗变脆的副作用，使用中可添加 BA（6-苄基嘌呤）、链霉素予以防止。具体配合方法因品种和使用方法而异，需试验决定。

⑤ 采用赤霉素等形成无核果和增大果粒时，必须与良好的农业技术相配合，才能获得理想的效果。

⑥ 不同的葡萄品种对赤霉素和其他生长调节剂的敏感性和使用方法都有所不同，具体使用时应事先进行试验找出最适宜的浓度和处理方法。

⑦ 用于贮藏的晚熟葡萄品种，不宜用生长调节剂进行无核和促进果粒增大处理，以免影响贮藏效果。

⑧ 根据国家关于绿色食品生产的有关规定，AA 级绿色食品生产过程中禁止使用一切人工合成的生长调节物质，各地对此应予以关注。

三、诱导无核果

诱导葡萄浆果无核是通过生长调节剂将有核葡萄变为无核葡萄的一项技术措施，通过诱导可形成无核果的有巨峰、先锋、玫瑰香等品种。

要想使巨峰葡萄成为无核果，单单用赤霉素处理效果不佳，无核率达不到 90% 以上，且穗轴易木栓化变硬，大小粒较为明显。而在盛花前 5～10 天，用对氯苯氧乙酸 15 毫克/千克和赤霉素 20 毫克/千克混合处理花序，无核率可高达 91.7%～99.0%，成熟期提前 10～15 天；若在盛花后 10 天再用 25 毫克/千克赤霉素处理一次，可明显增大果粒，结合其夏季管理，能形成 7～8 克大小的无核果。

第三节　葡萄果实套袋

一、作用

1. 优点

① 套袋可减少或避免病虫害及鸟害，对果穗上发生的日烧病、黑痘病、炭疽病、白腐病效果显著，还可避免食果害虫和葡萄夜蛾、金龟子的危害。

② 套袋后减少了果穗用药次数，不直接和农药接触，降低农药残留。

③ 能减轻裂果病的发生，保持果面整洁，果粉完好，使葡萄

果实外观美丽，增加商品价值。

2. 缺点

① 套袋费工费时。

② 袋内光照差，一般着色度比不套袋的低 2～3 成，尤其对直射光着色的红色品种，有严重影响；成熟期比不套袋的推迟 7～10 天。

③ 果实的含糖量和维生素 C 含量略有下降趋势。

④ 个别品种在套袋栽培时易发生日灼。

二、葡萄套袋技术

（1）纸的种类　葡萄用纸袋的种类有很多，有硫酸纸、木浆纸、新闻纸等。一般要求用重量较轻、对果实无不良影响、能提高果实着色和果实含糖量、通气性和透湿性强、可有效防止日灼的木浆纸袋。硫酸纸袋成本高，新闻纸袋厚、透光性差。

（2）纸袋规格　不同葡萄品种的果穗大小有所不同，纸袋可分大、中、小 3 种型号。小号的规格为 175 毫米×245 毫米，中号的规格为 190 毫米×265 毫米，大号的规格为 203 毫米×290 毫米。在袋的上口一侧附有一条长约 65 毫米的细铁丝，作封口用，底部两个角各有一个排水孔。

（3）套袋时间　通常是在谢花后半个月坐果稳定后，随着疏果，可及早进行套袋，此时幼果似黄豆大小，这样可以防止早期侵染的病害。套袋时间不宜过晚，否则失去预防病虫害的意义。套袋要避开雨后的高温天气，否则会使日灼加重。

（4）套袋方法　套袋前，全园喷一遍杀菌剂，如复方多菌灵、代森锰锌、甲基托布津等，重点喷布果穗，药液晾干后再进行套袋。将袋口端 6～7 厘米浸入水中，使其湿润柔软，便于收缩袋口，提高套袋效率，并且能将袋口扎实扎严，防止病原、害虫及雨水进入袋内。套袋时，先用手将袋撑开使纸袋整个鼓起，然后由下往上将整个果穗全部套住，再将袋口收缩在果穗柄上，用一侧的封口铁丝紧紧扎住。

（5）去袋的时期和方法　葡萄套袋后可以不去袋，带袋采收，也可以在采收前 10 天左右去袋。红地球等红色葡萄品种的着色程度因光照的减弱而降低，为了促进着色，须在采收前 20 天左右去袋。对容易着色的巨峰品种可以不去袋。去袋时为了避免高温伤害，不要将纸袋一次性摘除，宜先把袋底打开，逐渐将袋去除。

（6）去袋后的管理　葡萄去袋后一般不再喷药，但要注意防止金龟子的危害。果实临近成熟，果实周围的叶片老化，光合作用降低，所以适当摘除部分老叶片，不仅不影响果实的成熟，还会增加果实表面的光照和有效叶面积的比例，有利于果实着色和树体的养分积累。

第四节　激发二次结果

一、激发冬芽结二次果

葡萄新梢上的冬芽通常在当年不萌发，只有在某种刺激下才能萌发抽梢。由于冬芽的花芽分化期基本同于主梢开花期，所以新梢中下部的冬芽分化较早，采取一定的夏剪措施，就可以激发这部分冬芽发梢结实，只要激发时期适当，冬芽二次果一般都能正常成熟。

各类葡萄品种形成冬芽副梢二次果的能力存在差异，东方品种群的品种较难利用冬芽结二次果；西欧、黑海品种群的品种及欧美杂交种，在技术得当时，可获得较高的冬芽副梢结果枝率。

利用冬芽结二次果的具体技术为：开花 1 周后，结合花前摘心，摘去主梢的生长点，结果枝花序以上留 4～6 片叶，发育枝留 8～12 片叶。同时处理副梢，发育枝副梢全部抹除，结果枝只保留先端副梢，半个月后再去除先端夏芽副梢，经 10 天左右，主梢先端的 1～2 个冬芽即可萌发，一般多带有花序。在生育期较长的地方，去除先端夏芽副梢的时间可推迟，以使冬芽分化得更好些。

对于结果枝，也可以在主梢摘心的同时，将副梢全部抹除，这样可以较早激发冬芽，但这样做对主梢果实的生长有较大影响。

二、激发夏芽结二次果

夏芽副梢结果的能力与品种特性有较大关系，对容易产生夏芽二次果的品种，通过主梢摘心和副梢处理等夏季修剪措施，促发的夏芽副梢，通常都会带有花序，形成一定的二次果产量。

利用葡萄夏芽副梢结二次果的技术为：在即将开花前 15～20 天，对无果穗的营养枝进行强摘心，摘心部位必须在有 2～3 个未萌发夏芽的上方，并将其上的副梢全部从基部抹掉，使营养物质集中供应顶端未萌发的夏芽，促进夏芽分化，一般经过 10～15 天，夏芽即可萌发，一般带有花序。如果夏芽副梢长出 4～5 片叶时，还没有花序，这时再留 2～3 片叶子进行摘心，重新促夏芽萌发结二次果。利用这种方法，处理各级次夏芽副梢，均能够获得相应的副梢果，但二次果与一次果相比，果皮变厚、果粒变小、果汁少、酸度大，商品品质变差。

第五节　改善葡萄品质

一、增加葡萄的含糖量

一个品种的果实含糖量由其品种特性所决定，但与生态条件、栽培管理方式、水肥等因素也密切相关。同一个品种在我国的南方和北方，其可溶性固形物含量可相差 4%～6%，甚至更高；我国西部地区较东部地区，有时会高出 10% 以上。在同一地区对葡萄含糖量影响最大的是产量和肥水。

1. 控制产量

① 产量不加控制，含糖量必定降低。现在栽培的品种如果产量超过 2000 千克，浆果品质会急剧下降。控制产量的方法主要是以梢定果，通常壮梢、中庸梢留一穗果，弱梢不留果。在开花前后进行疏花序和修整花序，坐果后进行疏粒和果穗修整。

② 为提高葡萄的含糖量，还必须有一定的叶面积。每个果穗至少应有 20 个以上的功能叶供应营养，这样才能生产出含糖量高的浆果。

2. 合理施肥

① 合理施用肥料是提高含糖量的一个重要途径。适时控制氮肥，增施钾、磷肥有利于提高浆果含糖量。在浆果坐果及浆果膨大

后，要逐渐增加磷、钾肥用量。叶面喷施磷酸二氢钾及某些叶面肥、微肥也可提高浆果含糖量。

② 在浆果成熟期，如果降水过多或不适量灌水，也可降低浆果的含糖量。如果此时期不是过于干旱，则不灌水。适当的干旱可以提高含糖量 1%～2%。

③ 夏季修剪中的摘心、除副梢、摘除果穗周围的老叶等措施对提高葡萄的含糖量也有一定的好处。

④ 在浆果生长期，树下铺设银灰色反光薄膜，适当使用某些生长调节剂以及浆果成熟后进行适时采收，都可增加果实的含糖量。

二、提高葡萄着色度

决定浆果色泽的根本因素在于品种特性，有色品种的着色程度又受自然条件（主要是光照条件）、栽培架式、管理水平、浆果含糖量、成熟度等因素的影响。

在建植葡萄园时，必须将葡萄园建在充分向阳的地段，园地周围应避免有遮阴的巨大建筑物和树木，以使葡萄园有充分的光照条件。

在架式的设计和选择上，应有利于通风透光。采用篱架时，要考虑架面高度与行距，在架面高度为 1.8 米时，行距不宜小于 2 米。

在定植后的栽培管理技术措施中为了提高果实的着色度，除了传统夏剪中的定梢、引缚新梢、处理副梢、浆果成熟期去除果穗周围的老叶等技术措施外，采用葡萄树下铺设银色反光薄膜的方法，增加树下光照强度，也可以提高葡萄含糖量和着色度。

三、防治葡萄日灼病

主要症状是：果实受害后，在果粒阳面发生火烧状、淡褐色微凹的干病斑，被害部分容易感染炭疽病，使果实品质下降。

发病原因：葡萄果穗缺少叶子遮盖，受烈日暴晒造成。在我国中西部地区的 7～8 月份，当温度达到 35℃以上后，果实的呼吸就会发生异常，细胞内蓄积乙醛，导致细胞变褐坏死，发生日灼病，但不同葡萄品种之间日灼病的发生也有较大差异。

防治措施：对于易发生日灼病的品种，在夏季修剪时果穗附近的叶片要适当多留，以遮盖果穗，对于有条件的地区可采用果实套袋的方法，防止日灼病的发生。

四、防治葡萄裂果病

下列情况易发生裂果病：浆果成熟前和着色期间，久旱骤雨的情况下，很容易产生裂果；坐果太多、果穗太紧，在果实成熟期遇到降雨，易发生裂果病（图 8-1）。

图 8-1　葡萄裂果

防治方法：夏季修剪时，可采用树下覆盖黑色地膜，并加强土壤水分管理，使土壤水分稳定，可以减轻裂果病的发生。

第六节　采收、分级、包装

一、采前准备

采收前要先进行估产，估产应分品种进行。然后制订采收计划，准备采收工具，如采果剪、筐、箱等。

二、采收时期

一般鲜食葡萄在果实达到生理成熟时采收最适宜，即品种表现出固有的色泽、果肉由硬变软而有弹性、果梗基部木质化由绿色变黄褐色，达到该品种固有的含糖量和风味。

需长途运输的果实可在八分熟左右采收，就地销售和贮藏的可在九至十分熟时采收。

加工用的品种，果实采收期与用途有关，制汁品种需在充分成熟时采收，酿造品种应在含糖量达 17%～22% 时采收。

采收应选择阴凉天气进行。雨天与雾天不宜采收，否则会降低浆果贮运性及品质。一天中以上午 10 点前和傍晚采收为宜，因此时的果实温度和气温低，果实中田间热存量少，有利于贮藏和运输。

三、采收方法和要求

用采果剪剪下果穗，为了便于提取和包装，一般果穗梗要剪留 3～4 厘米。剪下的果穗剔除病伤粒、小青粒后，集中轻放在地面上的塑料布或牛皮纸上，等待分级和包装。由于葡萄果皮薄、易碎，采收时要小心细致，轻拿轻放，以免弄破果粒，造成不应有的损失。鲜食品种还要尽量保存果粉完整，以减少浆果腐烂，保持美丽的外观。

四、分级和包装

1. 分级

采收后要立即对果穗进行分级，按中华人民共和国农业行业标准（NY/T 470—2001 鲜食葡萄）进行。

2. 包装和运输

为了避免运输中的损失，提高收益，分级后要进行妥善包装。选用承压力较强和耐湿的木箱、硬纸箱或塑料箱作容器，容重一般在 5～10 千克。先在箱内衬上 PVC 气调膜或一般塑料膜，然后将果穗轻放在果箱内，穗梗倾斜向上，摆放紧凑，每箱内摆 2～3 层，放满后轻轻压而不伤果，果穗不能超出箱口，封箱后放在葡萄架下阴凉处。包装要紧实，以免运输中果穗窜动引起脱粒。近年来，国内外葡萄的包装趋向小型化，如日本的包装箱容量有 1 千克、2 千克和 4 千克三类。

运输前，装车要摆严、绑紧，层间加上隔板，防止颠簸摇晃使果实受损伤。最好采用冷藏车运输。

第七节　越冬与防寒

我国幅员辽阔，气候复杂，从南到北气候变化很大。在我国北方，有一个相当广阔的地带，由于气候比较寒冷，葡萄的种类、品种及栽培方式方法，都应符合抗寒与防寒的要求。

由于葡萄休眠期的抗寒能力是有一定局限的，超过抗寒力极限的低温环境，就可使植株特别是根系发生冻害。为了防止冬季植株发生冻害，一般认为在冬季绝对最低气温平均值−15℃线以北地区都要采取越冬防寒措施才能安全越冬。根据气象资料，安徽萧县和山东烟台为葡萄露地越冬的临界地，但有的年份其也会出现冻害。南方各地葡萄均可露地安全越冬，但海拔高、气候寒冷处也需覆盖越冬。北方各地除抗寒的山葡萄外，都需进行防寒覆盖，以保证植株安全越冬。

一、越冬防寒的时期

各地气候条件不同，埋土防寒时期的早晚有一定出入，但总的原则是在冬剪后、园地土壤结冻前1周左右进行。埋土防寒过早或过晚都会带来不良影响。

二、防寒土堆的规格

多年的生产实践经验表明，凡是越冬期间能保持葡萄根桩周围1米以上和地表下60厘米土层内的根系不受冻害，第二年葡萄植株就能正常生长和结果。根据沈阳农业大学在辽宁省各地的调查发现，自根葡萄根系受冻深度与冬季地温−5℃所达到的深度大致相符。这样，可根据当地历年地温稳定在−5℃的土层深度作为防寒土堆的厚度，而防寒土堆的宽度为1米加上两倍的厚度。如沈阳历年−5℃地温在50厘米深度，鞍山为40厘米，熊岳为30厘米，则防寒土堆的厚度和宽度分别为：沈阳50厘米×200厘米、鞍山40厘米×180厘米、熊岳30厘米×160厘米。此外，沙地葡萄园由于沙土导热性强，而且易透风，防寒土堆的厚度和宽度需适当增加。

三、越冬防寒的方法

1. 地面实埋防寒法

这是目前生产上广泛采用的一种方法，操作要求如下：①将修剪后的枝蔓顺一个方向依次下架、理直、捆好，平放在地面中央。为防止埋土时压断枝蔓，最好在每株的基部垫土或草把（俗称垫枕），鼠害严重地区还要在枝蔓基部投放杀鼠药以防咬坏枝蔓。②有些地区习惯在枝蔓的上部和两侧堆放秸秆稻草，不太寒冷地区可以省去覆盖物。③埋土时先将枝蔓两侧用土挤紧，然后覆土至所需要的宽度和厚度。④取土沟靠近植株一侧，距防寒土堆外沿不少于50厘米（离植株基部1.5米左右），以防侧冻根系。埋土时要边培土边拍实，防止土堆内透风。当土壤开始结冻后，取土沟内最好灌1～2次封冻水，以防止侧冻和提高防寒土堆内的温度。

2. 地下开沟实埋法

在行边离根桩30～50厘米处顺行向开一条宽和深各40～50厘米的防寒沟，将捆好的枝蔓放入沟中，可先覆盖有机物，也可直接埋土。这种方法多年挖沟对根系有损伤和破坏作用，而且费工，目前仅在个别地区应用。

3. 深沟栽植防寒法

此种方法适于气候寒冷干燥的地区和排水良好的地块，内蒙古应用较多。栽植前，先挖掘30～40厘米深的沟，葡萄栽植和生长在沟中，防寒时可实埋防寒，也可空心防寒，越冬安全系数大。

4. 塑膜防寒法

近年黑龙江及辽宁省有的葡萄园试用塑膜防寒，效果良好。做法是先在枝蔓上盖麦秆或稻草40厘米厚，上盖塑料薄膜，周围用土培严。但要特别注意不能碰破薄膜，以免因冷空气透入而造成冻害。

5. 简化防寒法

采用抗寒砧木嫁接的葡萄，由于根系抗寒力强于自根苗的2～4倍，故可大大简化防寒措施，节省防寒用土的1/3～1/2。如沈阳地区可取消有机覆盖物，直接埋土宽度1.2米左右，在枝蔓上覆土20～25厘米，这样即可保证枝蔓和根系的安全越冬。困此，采用抗寒砧木、实行简化防寒是冬季严寒地区葡萄生产的方向。

四、出土上架

葡萄在树液开始流动至芽眼膨大前，必须撤除防寒土，并及时上架。

由于每年的气候变化，准确掌握适时的撤土日期十分必要，可用某些果树的物候期作为指示植物，根据各地的多年经验，一般在当地山桃初花期或杏栽培品种的花蕾显著膨大期开始撤去防寒物较为适宜，美洲种及欧美杂种的芽眼萌发较欧洲种要早，出土日期应相应提早 4～6 天，撤除防寒物后要修整好栽植畦面，并进行一次扒老皮工作，这是葡萄生产上防治病虫害不可缺少的一个环节。为了使芽眼萌发整齐，出土后可将枝蔓在地上先放几天，等芽眼开始萌动时再把枝蔓上架并均匀绑在架面上，进入正常的夏季管理工作。

第九章　葡萄病虫害防治技术

第一节　果树病害的发生与侵染

一、果树病害的发生

1. 发生原因

能够引起果树病害的因素可分为生物性病原和非生物因素两大类。

（1）生物性病原　生物病原主要有真菌、细菌、病毒和类病毒、线虫和寄生性种子植物五大类。其中真菌和细菌统称为病原菌，病原生物因素导致的病害称为传（侵）染性病害。

（2）非生物因素　非生物因素包括极端温度（温度过高或过低）、极端光照（日照不足或过强）、极端土壤水分、营养物质的缺乏或过多、空气中有害气体、土壤过酸或过碱、缺素或过剩、农药使用不当、化肥使用不当和植物生长调节剂使用过多等。非生物因素导致的病害称为非传（侵）染性病害，又称生理性病害。

2. 果树发病的条件

病害的发生需要病原、寄主和环境条件的协同作用。环境条件本身可引起非传染性病害，同时又是传染性病害的重要诱因，非传染性病害降低寄主植物的生活力，促进传染性病害的发生；传染性病害也削弱寄主植物对非传染性病害的抵抗力，促进非传染性病害的发生。

二、果树病害的病状

果树病害的病状主要分为变色、坏死、腐烂、萎蔫、畸形 5 个类型。

1. 变色

植物生病后局部或全株失去正常的颜色称为变色。变色主要是由于叶绿素或叶绿体受到抑制或破坏,色素比例失调造成的。变色主要发生在叶片、花及果实上。

褪绿:整个叶片或其一部分均匀地变色。由于叶绿素的减少而使叶片表现为浅绿色。

黄化:当叶绿素的量减少到一定程度就表现为黄化。

紫叶或红叶:整个或部分叶片变为紫色或红色。

花叶:叶片颜色不均匀变化,界限较明显,呈绿色与黄色或黄白色相间的杂色叶片。

花脸:果实上颜色不正常变化时,多形成花脸。

2. 坏死

器官局部细胞组织死亡,仍可分辨原有组织的轮廓。

叶斑:坏死部分比较局限,轮廓清晰,有比较固定的形状和大小。根据坏死斑点形状,分为圆斑、角斑、条斑、环斑、轮纹斑、不规则形斑等;根据坏死斑点颜色,分为灰斑、褐斑、黑斑、黄斑、红斑、锈斑等。

叶枯:坏死区没有固定的形状和大小,可蔓延至全叶。

叶烧:水孔较多的部位如叶尖和叶缘枯死。

炭疽:叶片和果实局部坏死,病部凹陷,上面常有小黑点。

疮痂和溃疡:病斑表面粗糙甚至木栓化。病部较浅、中部稍突起的称为疮痂;病部较深(如在叶上常穿透叶片正反面)、中部稍凹陷、周围组织增生和木栓化的称为溃疡。

顶死(梢枯):木本植物枝条从顶端向下枯死。

立枯和猝倒:立枯和猝倒主要发生在幼苗期,幼苗近土表的茎组织坏死。整株直立枯死的称为立枯;突然倒伏死亡的称为猝倒。

3. 腐烂

植物器官大面积坏死崩溃,看不出原有组织的轮廓。果树的根、茎、叶、花、果都可发生腐烂,幼嫩或多肉组织则更容易发生。

干腐:细胞坏死所致,腐烂发生较慢或病组织含水量低,水分可以及时挥发。

湿腐：细胞坏死所致，腐烂发生较快或病组织含水量高，水分不能及时挥发。

软腐：胞间层果胶溶化，细胞离析，消解。

流胶：局部受害流出细胞组织分解产物。

根据腐烂发生的部位，可分为根腐、茎（干）腐、果腐、花腐、叶腐等。

4. 萎蔫

植物地上部分因得不到足够的水分，细胞失去正常的膨压而萎垂枯死。病害所致的萎蔫原因有：水分的吸收和输导机能受到破坏，如根部坏死腐烂、茎基部坏死腐烂、导管堵塞或丧失输水机能等；水分散失过快所致，如高温或气孔不正常开放加快蒸腾作用也可导致萎蔫。

5. 畸形

果树的外部形态因病而呈现的不正常表现称为畸形。果树病害的畸形主要有丛枝、扁枝、发根、皱缩、卷叶、缩叶、肿瘤、纤叶、小叶、缩果等。

三、果树病害的病征

病征种类很多，见表 9-1。

表 9-1　病征种类

病征类型	病原生物种类				
	真核菌	细菌	病毒	线虫	寄生性种子植物
1. 粉状物	＋	－	－	－	－
2. 霉状物	＋	－	－	－	－
3. 粒状物	＋	－	－	＋	－
4. 点状物	＋	－	－	＋	－
5. 盘状物	＋	－	－	－	－
6. 索状物	＋	－	－	－	＋
7. 脓状物	－	＋	－	－	－

注："＋"表示有，"－"表示无。

（1）粉状物　病原真菌在病部表面呈现出的各种粉状结构。常见的有白粉状物、红粉状物等。

（2）霉状物　病原真菌在病部表面呈现出的各种霉状物，常见的有霜霉、黑霉、灰霉、青霉、绵霉等。

（3）粒状物　病原真菌附着在病部表面的球形或近球形颗粒状结构，多为黑褐色。

（4）点状物　病原真菌从病部表皮下生长出来的黑褐色至黑色的小点状结构，突破或不突破表皮。

（5）索状物　病原真菌附着在病部表面的绳索状结构，颜色变化较大。

（6）角状物及丝状物　从点状物上长出来的角状或丝状结构。单生或丛生，多为黄色至黄褐色，如各种果树的腐烂病等。

（7）伞状物及马蹄状物　病原真菌从病根或病枝干上长出的伞状或马蹄状结构，常有多种颜色，如果树根朽病、木腐病等

（8）管状物　从病斑上生出的长5～6毫米的黄褐色细管状结构。

（9）脓状物　从病斑内部溢出的病原物黏液。有的为细菌病害的特有病征，称为"溢脓"或"菌脓"，干燥后呈胶状颗粒；有的是真菌孢子与胶体物质的混合物，常从点状物上溢出，呈黏液状，多为灰白色和粉红色，如各种果树的炭疽病（粉红色）等。

四、病害侵染过程

侵染过程是植物个体遭受病原物侵染后的发病过程，包括病原物与寄主植物可侵染部位接触，侵入寄主植物，在植物体内繁殖和扩展，发生致病作用，显示病害症状的过程，也称为病程。病程可分为四个时期：接触期、侵入期、潜育期和发病期。

1. 接触期

是病原物与寄主接触，或到达能够受到寄主外渗物质影响的根围或叶围后，向侵入部位生长或运动，形成某种侵入结构的一段时间。

真菌孢子、菌丝、细菌细胞、病毒粒体、线虫等可以通过气流、雨水、昆虫等各种途径传播。

病原物在接触期受寄主植物分泌物、根围土壤中其他微生物、大气的湿度和温度等复杂因素的影响，如植物根部的分泌物可促使

病原真菌、细菌和线虫等或其他休眠体的萌发或引诱病原的聚集，也有些腐生的根围微生物能产生抗菌物质，可抑制或杀死病原物。

接触期病原物除受寄主本身的影响外，还受到生物的和非生物的因素影响。传播过程中只有少部分传播体被传播到寄主的可感染部位，大部分落在不能侵染的植物或其他物体上。并且病原物必须克服各种不利因素才能进一步侵染，所以该期是病原物侵染过程的薄弱环节，是防止病原物侵染的有利阶段。

2. 侵入期

① 侵入途径

a. 直接侵入　病原物直接穿透寄主的角质层和细胞壁的过程。

b. 自然孔口侵入　植物体表有许多自然孔，如气孔、水孔、皮孔、蜜腺等，许多真菌和细菌是由某一孔口或几种孔口侵入，以气孔侵入最普遍。

c. 伤口侵入　包括机械、病虫害等外界因素造成的伤口和自然伤口，如叶痕和支根生出处。

病原物的种类不同，侵入途径和方式也不同。

② 侵入方式

a. 真菌　大都以孢子萌发形成的芽管或者以菌丝侵入，有的还能从角质层或者表皮直接侵入。真菌不论是从自然孔口侵入或直接侵入，进入寄主体内后孢子和芽管里的原生质随即沿侵染丝向内输送，并发育成为菌丝体，吸取寄主体内的养分，建立寄生关系。

b. 细菌　主要通过自然孔口和伤口侵入。细菌个体可以被动地落到自然孔口里或随着植物表面的水分被吸进孔口；有鞭毛的细菌靠鞭毛的游动也能主动侵入。

c. 病毒　靠外力通过微伤或昆虫的口器，与寄主细胞原生质接触完成侵入。

③ 侵入所需环境条件　病原菌的侵入需要适宜的环境条件，主要是湿度和温度，其次是寄主植物的形态结构和生理特性。

a. 湿度　大多数真菌孢子的萌发、细菌的繁殖以及游动孢子和细菌的游动都需要在水滴里进行。高湿度下，寄主愈伤组织形成缓慢，气孔开张度大，水孔泌水多且持久，降低了植物抗侵入的能力，对病原物的侵入有利。所以果园栽培管理方式如开沟排水、合理修剪、合理密植、改善通风透光条件等，是控制果树病害的有效措施之一。

b. 温度　温度影响孢子萌发和侵入的速度。真菌孢子有最高、最适和最低萌发温度，超出最高和最低温度范围，孢子便不能萌发。

④ 侵入期所需时间和接种体数量　病毒的侵入与传播瞬时即完成；细菌侵入所需时间也较短，在最适条件下，不过几十分钟；真菌侵入所需时间较长，大多数真菌在最适条件下需要几小时，但很少超过 24 小时。一般侵入的数量越大，扩展蔓延越快，容易突破寄主的防御作用。细菌的接种量和发病率成正相关，病毒侵入后能否引起感染也和侵入数量有关，一般需要一定的数量才能引起感染。

3. 潜育期

指病原物侵入后和寄主建立寄生关系到出现明显症状的阶段。

① 潜育期的扩展　是病原物在寄主体内吸收营养和扩展的时期，也是寄主对病原物的扩展表现不同程度抵抗性的过程。病原物在寄主体内扩展时会消耗寄主的养分和水分，并分泌酶、毒素和生长调节素，扰乱正常的生理活动，使寄主组织遭到破坏，生长受抑制或促使增殖膨大，导致症状的出现。

② 环境条件对潜育期的影响　每种植物病害都有一定的潜育期。潜育期的长短因病害而异，一般 10 天左右，也有较短或较长的。有些果树病毒病的潜育期可达 1 年或数年。

一定范围内，潜育期的长短受环境温度的影响最大，湿度对潜育期的影响较小。但如果植物组织的湿度高，细胞间充水对病原物在组织内的发育和扩展有利，潜育期就短。

有些病原物侵入寄主植物后，由于寄主抗病性强，病原物只能在寄主体内潜伏而不表现症状，但当寄主抗病力减弱时，它可继续扩展并出现症状，称潜伏侵染。有些病毒侵入一定的寄主后，任何条件下都不表现症状，称为带毒现象。

4. 发病期

为症状出现后病害进一步发展的时期。症状是寄主生理病变和组织病变的结果。发病期病原由营养生长转入生殖生长阶段，即进入产孢期，产生各种孢子（真菌病害）或其他繁殖体。新生病原物的繁殖体为病害的再次侵染提供主要来源。

在发病期，真菌性病害随着症状的发展，在受害部位产生大量无性孢子，提供了再侵染的病原体来源。细菌性病害在显现症状后，病部产生脓状物，含有大量细菌。病毒是细胞内的寄生物，在寄主体外不表现病征。

真菌孢子生成的速度和数量与环境条件中的温度、湿度关系很大。孢子产生的最适温度一般在25℃左右，高湿度促进孢子产生。

五、病害的侵染循环

传染性病害的发生需有侵染来源。病害循环是指病害从前一生长季节开始发病，到下一生

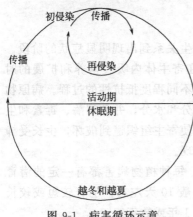

图 9-1 病害循环示意

长季节再度发病的全过程。在病害循环中通常有活动期和休止期的交替，有越冬和越夏，初侵染和再侵染，及病原物的传播等环节（见图9-1）。

1. 病原物的越冬、越夏

病原物的越冬、越夏场所，是寄主植物在生长季节内最早发病的初侵染来源。病原物越冬、越夏的场所如下。

（1）田间病株 果树大都是多年生植物，绝大多数的病原物都能在病枝干、病根、病芽等组织内、外潜伏越冬。其中病毒以粒体，细菌以个体，真菌以孢子、休眠菌丝或休眠组织（如菌株、菌索）等，在病株的内部或表面渡过夏季和冬季，成为下一个生长季节的初侵染来源。因此采取剪除病枝、刮治病干、喷药和涂药等措施杀死病株上的病原物，消灭初侵染来源，是防止发病的重要措施之一。

病原物寄主往往不止一种植物，多种植物往往都可成为某些病原物的越冬、越夏场所。针对病害除消灭田园内病株的病原物外，也应考虑其他栽培作物和野生寄主。对转主寄生的病害，还应考虑

到转主寄主的铲除等。

（2）繁殖材料　不少病原物可潜伏在种子、苗木、接穗和其他繁殖材料的内部或附着在其表面越冬。使用这些繁殖材料时，可传染给邻近的健株，造成病害的蔓延。还可随着繁殖材料远距离的调运，将病害传播到新地区。繁殖材料带病，不但可导致病害发生，且这类病害大部分属于难防治病害，一旦发病，无法治疗。

（3）病残体　果树的枯枝、落叶、落果、残根、烂皮等病株残体上带有病原物，这类越冬场所是果树病害主要越冬场所之一。由于病原物受到植株残体组织保护，对不良环境因子抵抗能力增加，能在病株残体中存活较长时间，当寄主残体分解和腐烂后，其中的病原物才逐渐死亡和消失。所以清洁果园，彻底清除病株残体，集中烧毁，或采取促进病株残体分解的措施，有利于消灭和减少初侵染来源。

（4）土壤　病残体和病株上着生的各种病原物都很容易落到土壤里而成为下一季节的初侵染来源。如果树紫纹羽病、白纹羽病。

（5）肥料　有些病原物随病残体混入肥料存活，成为病害的初侵染来源。在使用粪肥前，须充分腐熟，通过高温发酵使其失去生活力。

（6）贮藏场所　在果品贮藏场所带有可导致果品腐烂的病原物。如青霉病菌、红粉病菌、软腐病菌等。

2. 病原物的传播

传播是联系病害循环中各个环节的纽带。病原物的传播有气流传播、雨水传播、昆虫和其他动物传播、人为传播等方式。大多数病原体都有固定的来源和传播方式，如真菌以孢子随气流和雨水传播，细菌多半由风、雨传播，病毒常由昆虫和嫁接传播。

3. 病害的初侵染和再侵染

病原物每进行一次侵染都要完成病程的各阶段，最后又为下一次的侵染准备好病原体。其中在植物生长期内，病原物从越冬和越夏场所传播到寄主植物上引起的侵染，叫做初侵染。在同一生长期中初侵染的病部产生的病原体传播到寄主的其他健康部位或健康株上又一次引起的侵染称为再侵染。在同一生长季节中，再侵染可能发生许多次。

六、病害的流行及预测

1. 病害流行

病害流行必须同时具备大量感病寄主、大量致病力强的病原物、适宜发病的环境条件这三个条件，三者缺一不可，但它们在病害流行中的地位是不相同的，其中必有一个是主导的决定性因素。

2. 病害流行的预测

在病害发生前一定时限依据调查数据对病害发生期、发生轻重、可能造成的损失进行估计并发出预报。根据病害发生前的时限，可分为：①短期预测，病害发生前夕，或病害零星发生时对病害流行的可能性和流行的程度做出预测；②中期预测，病害发生前一个月至一个季度，对病害流行的可能性、时间、范围和程度做出预测；③长期预测，根据病害流行的规律，至少提前一个季度预先估计一种病害是否会流行以及流行规模，也称为病害趋势预测。

病害的预测依据有：①病程和侵染循环的特点，短期预测主要根据病程，中长期预测主要根据侵染循环；②病害流行的主导因素及其变化；③病害发生发展的历史资料；④田间防治状况。

第二节　果树病害的识别及检索

果树病害按其病原类型可分为两大类：侵染性病害和非侵染性病害。一般通过对病害标本的检查（包括实地考察），观察病状和病征，根据所见病原物的类型，查阅有关参考书的描述，对大部分常见病害都可识别。

一、侵染性病害

1. 菌物类病害的特点与识别

由病原菌物引起的病害统称菌物（真菌）病害。这类病害有传染性，在田间发生时，往往由一个发病中心逐渐向四周扩展，即具有明显的由点到面的发展过程。

（1）真菌病害的症状　主要是坏死、腐烂和萎蔫，少数为畸形。在病斑上常常有霉状物、粉状物、粒状物等病征，是真菌病害区别于其他病害的重要标志，也是进行病害田间诊断的主要依据。

诊断菌物类病害的依据如下。

① 症状观察 菌物类病害的症状以坏死和腐烂居多，且大多数菌物类病害均有明显病征，环境条件适合时可在病部看到明显的霉状物、粉状物、锈状物、颗粒状物等特定病征。

对常见病害，根据病害在田间的发生分布情况和病害的症状特点，并查阅相关资料可基本判断病害的类别。但在田间有时受发病条件的限制，症状特点尤其是病征特点表现不明显，较难判定是何种病害。此情况应继续观察田间病害发生情况，同时进行病原检查或通过柯赫氏法则进行验证，确定病害种类。

② 病原检查 引起菌物类病害的病原菌种类很多，引起的症状类型也很复杂。一般病原不同，症状也不同；但有时病原相同，引起的症状会完全不同。仅以症状对某些病害不能做出正确诊断，必须进行实验室的病原检查或鉴定。

进行病原检查时根据不同的病征采取不同的制片观察方法。当病征为霉状物或粉状物时，可用解剖针或解剖刀直接从病组织上挑取子实体制片；当病征为颗粒状物或点状物时，采用徒手切片法制作临时切片；当病原物十分稀疏时，可采用粘贴制片，然后在显微镜下观察其形态特征，根据子实体的形态、孢子的形态、大小、颜色及着生情况等与文献资料进行对比。对于常见病、多发病一般即可确定病害名称。

(2) 真菌病害的识别 真菌病害的识别见表 9-2。

表 9-2 真菌病害的识别

方 法	识 别
以寄主植物为主,结合症状特点的识别方法	根据果树的种类,详细观察所见病害的症状特点,再查阅有关资料核对症状特点,可确定是何种病害
以病征为主,结合寄主植物的识别方法	很多真菌病害迟早都会在发病部位出现真菌的繁殖器官——无性及有性子实体。病原真菌的繁殖器官叫病征。果树病原真菌中的白粉菌、锈菌、霜霉菌的病征较为特异,可根据病征特点结合寄主植物来识别病害
进行病原菌的形态鉴定,核对有关果树病害资料的识别方法	在果树的真菌病害中,不同种的病原真菌在同一寄主上可产生相同或相似的症状。如苹果灰霉病和苹果圆斑病在叶片上的症状大同小异,但病原真菌是不同的种

2. 细菌类病害的特点与识别

（1）细菌类病害的特点　由病原细菌引起的病害称为细菌性病害。细菌性病害的症状主要有坏死、腐烂、萎蔫和肿瘤等，变色的较少，常有菌脓溢出。细菌性病害的症状特点是受害组织表面常为水渍状或油渍状；在潮湿条件下，病部有黄褐色或乳白色、胶黏、似水珠状的菌脓；腐烂型病害患部有恶臭味。

细菌性病害的诊断主要根据病害的症状和病原细菌的种类来进行。

① 细菌性病害在潮湿条件下在病部可见一层黄色或乳白色的脓状物，干燥后形成发亮的薄膜即菌膜或颗粒状的菌胶粒。菌膜和菌胶粒都是细菌的溢脓，是细菌病害的特有病征。

② 细菌性叶斑往往具有黄色的晕环，细菌性癌肿十分明显是诊断可利用的特征。如果怀疑某种病害是细菌性病害但田间病征又不明显，可将该病株带回室内进行保湿培养，待病征充分表现后再进行鉴定。

③ 一般细菌侵染所致病害的病部，无论是维管束系统受害的，还是薄壁组织受害的，都可通过徒手切片看到喷菌现象。喷菌现象为细菌病害所特有，是区分细菌与菌物、病毒病害的最简便的手段之一。通常维管束病害的喷菌量大，可持续几分钟到十多分钟；薄壁组织病害的喷菌状态持续时间较短，喷菌数量亦较少。

（2）果树细菌病害的识别　果树上常见细菌病害的症状主要有斑点、腐烂和肿瘤畸形三种。在潮湿条件下，大多数细菌病可产生"溢脓"现象。常见的果树细菌性病害根据症状特点，结合显微镜检查病组织内的病原细菌，即可确定，见表9-3。

3. 病毒类病害的特点与识别

病毒病害的症状为花叶、黄化、矮缩、皱缩、丛枝等，少数为坏死斑点。绝大多数病毒都是系统侵染，引起的坏死斑点通常较均匀地分布于植株上，而不像真菌和细菌引起的局部斑点在植株上分布不均匀。

识别病毒病害主要依据症状特点、病害田间分布、病毒的传播方式、寄主范围以及病毒对环境影响的稳定性等来进行。

表 9-3 果树细菌性病害的识别

症状	描 述	显微镜检查
叶部斑点	大多数细菌病叶斑的发展受到叶脉限制而为多角形或近似圆形,发病初期表现为水渍状,病斑外缘有黄色晕圈。在潮湿环境下,病斑溢出含菌液体——溢脓。溢脓多为球状液滴或黏湿的液层,微黄色或乳白色,干涸后成为胶点或薄膜。如桃细菌性穿孔病引致的叶部症状	将病组织做成切片,置于灭菌水中进行显微镜检查,如观察到病组织切片有云雾状细菌群体排出而健康组织没有,可确定为细菌病害(根据病组织内看不到细菌)。此项检查应选取新发生的病部或病组织的新扩展部分,以排除腐生细菌的干扰,并应严格无菌操作
腐烂症状	腐烂症状易和真菌病害相混淆,但细菌所致的腐烂不产生霉层等真菌子实体,病组织内外有黏液状病征	
肿瘤和畸形	果树根癌细菌可引致多种果树的根癌病、毛根病,症状特异,易于识别,如葡萄根癌病,细菌量极少,无病征表现	

病毒和类病毒引起的病害都没有病征,但它们的病状具有显著特点,如变色(双子叶植物的斑驳、花叶,单子叶植物的条纹、条点)伴随或轻或重的畸形小叶、皱缩、矮化等全株性病状。这些病状表现首先从幼嫩的分枝顶端开始,且全株或局部病状很少有分布均匀的。植原体病害多以黄化、丛枝、花器返祖为特色与病毒病害相区分。此外还可借助电子显微镜观察病毒粒体的形态和用血清学方法进行病毒的鉴定。

果树病毒病害在生产实践中常用症状鉴定识别见表 9-4。

表 9-4 果树病毒病害常用症状鉴定识别

方法	症 状
症状识别法	叶片变色,一般分花叶和黄化两种,有时变色部分还可形成单圈或重圈的环斑
	枯斑和组织坏死,有些病毒病在叶片侵染点可形成枯斑,叶片、根茎和果实均可发生坏死现象;韧皮部的坏死是某些黄化型病毒特有的症状,有些病毒病可造成全株枯死
	丛枝、小叶、花器退化、果实畸形等特殊症状

4. 线虫病害的诊断

系线虫的穿刺吸食对寄主细胞的刺激和破坏作用,线虫病害的症状表现为植株矮小、叶片黄化、局部畸形和根部腐烂等。线虫危害后的植株一般多表现为植株矮小、畸形和腐烂等症状，有的形成明显的根结。结合上述症状并进行病原检查即可确定线虫病害。

线虫病害的病原鉴定，一般将病部产生的虫瘿或根结切开，挑取线虫制片或做病组织切片镜检，根据线虫的形态确定其分类地位。对于一些病部不形成根结的病害，需首先根据线虫种类不同采取相应的分离方法，将线虫分离出来，然后制片镜检。要注意根据口针特征排除腐生线虫的干扰，特别是对寄生在植物地下部位的线虫病害，必要时要通过柯赫氏法则进行验证。

二、非侵染性病害的特点与识别

1. 非侵染性病害的特点与诊断

非侵染性病害（也称生理病害），包括由气象因素、土壤因素和一些有害毒物引起的病害。非侵染性病害是由非生物因素引起的，因此发病植物上看不到任何病征，也不可能分离到病原物。病害往往大面积同时发生，没有相互传染和逐步蔓延。

① 病害突然大面积同时发生，发病时间短，多由于气候因素，如冻害、干热风、日灼所致。病害的发生往往与地势、地形和土质、土壤酸碱度、土壤中各种微量元素的含量等情况有关；也与气象条件的特殊变化，如冰雹、洪涝灾害有关；与栽培管理如施肥、排灌和喷洒化学农药是否适当以及与某些工厂相邻而接触废水、废气、烟尘等都有密切关系。

② 此类病害不是由病原生物引起的，受病植物表现出的症状只有病状没有病征。

③ 根部发黑，根系发育差，与土壤水多、板结而缺氧，有机质不腐熟而产生硫化氢或废水中毒等有关。

④ 有枯斑、灼伤，多集中在某一部位的叶或芽上，无既往病史，大多是使用化肥或农药不当引起。

⑤ 明显缺素症状，多见于老叶或顶部新叶，出现黄化或特殊的缺素症。

⑥ 与传染性病害相比，非传染性病害与环境条件的关系更密切、发生面积更大、无明显的发病中心和中心病株，在适当的条件下可以恢复（环境条件改善后）。

诊断非侵染性病害除观察田间发病情况和病害症状外，还必须对发病植物所在的环境条件等有关问题进行调查和分析，才能最后确定致病原因。

2. 非侵染性病害的识别

非侵染性病害可通过症状鉴定、补充或消除某种因素来识别，见表9-5。

表9-5　非侵染性病害的识别

分类	症　状	
温度影响	长期高温干旱可使果树发生灼伤，引起苹果、梨、桃、葡萄等的日灼病，受害果实和基干的向阳部分产生褐色或古铜色干斑，枝干外皮龟裂或流胶，有时顶叶的尖端和边缘枯焦	
	霜害和冻害易使衰弱的树体受害，如桃树的流胶	
水分影响	长期干旱可引起植物萎蔫和早期落叶	
	水分过多，特别是前期干旱后期水分过多易造成某些果树品种发生裂果，土壤水分过多易使果树根系窒息而发生根腐和叶部黄化早落，严重时可引起果树死亡	
有害物质引起的中毒	如工矿企业排出的二氧化硫可使苹果、葡萄、桃等中毒，造成叶片失绿、生长受抑制、落叶，甚至引起死亡	
	农药使用不当也常引起药害	
	工矿排出的有害废液也可使果树中毒	
缺素病害（营养失调症）	症状观察	施素鉴别
	在碱性土壤中容易缺铁，引起葡萄等发生退绿病或黄化病	根据症状观察怀疑为缺乏某种元素时，可施用该种元素进行对症治疗。若施素后，症状减轻或消失则可确定是由于缺乏某种元素引起的营养失调症
	缺锌可使叶片狭小、黄化、直立、丛生	
	缺硼可使植物幼嫩器官发生木栓化	
	缺钙可使果实产生坏死斑点。缺硼、缺钙常与氮肥施用过多、施用时期不当有关	
	还有因缺钼、缺镁、缺锰、缺磷、缺钾等引起的病害	

三、果树病害类别检索

果树病害类别检索见表9-6。

表 9-6　果树病害类别检索

性质	发病特征	细部症状	类别	大类
病害具有传染性，在发病器官表面或组织内部可见到病原物	病害不呈全株性发病，只在叶部、枝干、果实、根部某个部位发病，也可在几个部位同时发病	发病部位表面可看到霉层、粉状物、小粒点等病原物繁殖器官，或在病组织内可看到病原物繁殖器官，或通过保湿诱发方可看到	真菌病害	侵染性病害
		发病部位看不到霉层、小粒点等病原物，但在潮湿环境下可溢出微黄色或乳白色的球状液滴或黏湿的液层，干涸后成为胶点或薄膜。将新鲜病组织做成切片，在显微镜下观察可见到有云雾状细菌群体排出，或者根部有特异状的肿瘤及毛根	细菌病害	
		发病部位表面或病组织内可见到线虫虫体	线虫病害	
		发病部位组织内见到瘿螨	瘿螨病害	
		发病部位见到寄生性种子植物	寄生性种子植物所致病害	
		发病部位见到寄生藻	寄生藻所致病害	
	病害呈全株性发病或迟早会呈全株性发病，病害可通过嫁接传染。病株看不到霉层等病原物，病组织内无菌丝体	病组织超薄切片在电镜下可看到病毒颗粒	病毒病害	
		病组织超薄切片在电镜下可看到类菌原体粒子，病害对四环素族抗生素敏感	类菌原体病害	
病害不具有传染性，在发病器官表面和组织内部看不到病原物	病害的发生与气候异常、突变有关，或有接触某种毒物的历史。施用某种元素不能缓解或消除症状	茎干和果实向阳面产生褐色或古铜色干斑，枝叶茂密处不发生	日灼病	非侵染性病害
		枝干在严寒之后产生裂缝、流胶；幼果皱缩、碎裂或穿孔，花不结实或结实后脱落，发生在晚霜后	温度过低	
		树叶黄化或红化、萎蔫或叶边枯焦，早期脱落，发生在严重干旱时	水分不足	
		某些果树品种的果实后期果面产生裂缝	前旱后涝或水分过多	
		叶片急剧失绿、萎蔫或枯焦，生长衰退，严重时叶片脱落。有接触毒物、农药化肥等历史	中毒	

续表

性质	发病特征	细部症状	类别	大类
病害不具有传染性，在发病器官表面和组织内部看不到病原物	病害发生在土壤瘠薄、有机肥很少或不施的地块。施用某种元素肥料可缓解或消除症状	新生嫩叶淡黄色或白色，叶脉仍为绿色，严重时叶片产生棕黄色枯斑、叶缘焦枯，新梢先端枯死，叶片早落。 在 pH 偏碱的土壤上易发生。叶面喷施硫酸亚铁溶液或用来灌根，症状可有所缓解	生理缺铁	非浸染性病害
		新生枝条顶端叶片呈莲座状，叶片狭小、硬化，枝条纤细、节短，花芽形成少。 早春枝条或展叶后叶面喷施硫酸锌溶液可缓解或消除症状	生理缺锌	
		果实在近成熟期和贮藏期表皮产生坏死斑点，斑点下果肉有部分坏死。 施氮肥过多或早春施氮肥可加重病害。 叶片喷施氯化钙或硝酸钙溶液可减轻或消除症状	生理缺钙	
		果实表面产生干斑或果肉发生木栓化变色，果实畸形，表面或有开裂。 山地和河滩沙地果园发生多，土壤施硼砂或叶面喷硼砂溶液可减轻或消除症状	生理缺硼	

第三节　果树害虫的识别

一、根据害虫的形态特征来识别

　　根据害虫的形态特征来识别是鉴别害虫种类最常用、最可靠的方法。昆虫的形态特征主要包括翅的有无、对数、式样、质地，口器的类型，触角，足和腹部附属器官的式样。昆虫一般分为 33 个目，目下分科、属、种。其中与果树生产关系密切的昆虫有：直翅目、同翅目、半翅目、鞘翅目、鳞翅目，膜翅目和双翅目 7 个目，7 个目昆虫的形态特征见表 9-7。

表 9-7　7 个目昆虫的形态特征

目	常见昆虫	特　点
直翅目	蝼蛄、蝗虫、螽斯、蟋蟀	体粗壮,中型至大型,触角丝状,咀嚼式口器。前翅狭长,革质较厚,为复翅,后翅膜质。后足为跳跃足或前足为开掘足。有尾须。多为陆栖性,大多为植食性,属不完全变态
同翅目	蝉、蚜虫、叶蝉、木虱、粉虱、介壳虫	体小至大型,触角刚毛状或丝状,刺吸式口器,前翅膜质或革质,后翅膜质。但蚜虫和介壳虫有无翅的个体。无尾须。除雄性介壳虫属完全变态外,其余均属不完全变态。陆生
半翅目	椿象	体中、大型、大多扁平,触角丝状,刺吸式口器。前翅基半部硬化,端半部膜质,称为半鞘翅,后翅膜质。无尾须。大多为陆栖性,为害树体吸食汁液,属不完全变态
鞘翅目	金龟子、瓢虫、象甲、叶蝉、吉丁虫、天牛	体坚硬,大小不等,咀嚼式口器。前翅角质,称鞘翅,后翅膜质或无后翅。大多数种类为植食性,少数种类为捕食性,知瓢虫科的黑缘红瓢虫专食球坚介壳虫和蚜虫
鳞翅目	蝶类、蛾类	体大小不等,虹吸式口器;翅膜质密被鳞片。蛾类触角多为丝状、梳状、羽毛状,成虫夜间活动,如卷叶蛾、夜蛾、枯叶蛾、刺蛾等。蝶类触角为球杆状,成虫白天活动,如映蝶、粉蝶
膜翅目	蜂类、蚂蚁	体小型至中型,咀嚼式口器,只有蜜蜂为嚼吸式,翅膜质,透明,前翅大于后翅,翅脉变异大,雌虫产卵器发达
双翅目	蝇、虻、蚊	体小型至中型,舐吸式或刺吸式口器。前翅膜质透明,后翅退化成平衡棍。复眼大

二、根据寄主被害状来识别

不同种类的害虫,为害状不同。

① 直翅目昆虫的若虫,鞘翅目、鳞翅目幼虫及部分成虫均为咀嚼式口器昆虫,常食害果树的根、茎、叶、花、果,在被害部位常有咬伤、咬断、蛀食的痕迹以及虫粪等特征。

② 半翅目、同翅目的成虫、若虫,常将口喙插入寄主叶、枝组织内刺吸汁液,使被害部位组织变色,树势衰弱,造成叶片脱落或枝条枯死,如蚜虫、木虱、蚧虫,还能排泄出具有黏质的排泄物,可用于识别。

③ 被害状与害虫口器的类型和为害习性关系密切,即使口器相同,不同种害虫,其为害方式、寄主表现也有不同特征。如梨大

食心虫和梨小食心虫都能蛀食梨的果实,但蛀孔部位、蛀道形状、排粪习性等都不一样。苹蚜和苹果瘤蚜刺吸苹果叶片汁液,造成卷叶,但前者叶横卷,后者叶纵卷,可进行鉴别。

三、果树各部位害虫为害状的识别

果树各部位害虫为害状的识别见表9-8。

表 9-8　果树各部位害虫为害状的识别

为害部位	为　害　状	
为害根部害虫	咬伤或咬断根际部分皮层、幼根,使植株生长衰弱甚至枯死,多为地老虎、金针虫、蛴螬、蝼蛄、天牛	把地表根际皮层咬坏,有时还把被害果苗拉到土窝去,多为地老虎
		咬坏根部,地表有明显坠道为蝼蛄,无明显坠道为蛴螬、金针虫
		粗根木质部被蛀食,且蛀道不规则者多为天牛,如红颈天牛
为害枝、干的害虫	食害枝、干皮层或木质部,幼虫蛀道多不规则,直接影响水分、养分的输导,严重时枝、干枯萎折断,甚至整株枯死,多为天牛、木蠹蛾、透翅蛾、吉丁虫等	蛀食木质部,蛀槽不规则,较深、长,每隔一定距离有一排粪孔,向外排出粪便,多为天牛和木蠹蛾,但天牛幼虫一般为白色、无足,木蠹蛾幼虫一般为红色、有足
		蛀食枝、干皮层,使木质部同韧皮部内外分离,多为吉丁虫
		为害皮层、形成层或髓部的多为透翅蛾;吸食枝、干汁液,削弱树势,造成枝、株枯死,多为介壳虫
为害叶部害虫	为害嫩叶、咬食叶片呈不规则缺刻,严重者吃光叶,多为金龟子、天蛾、毛虫	
	用口器刺入叶组织吸吃汁液,被害叶呈灰白色、黄褐色、焦枯、提早脱落,多为蝽象、网蝽、蚜虫、介壳虫、螨类等	
	潜入叶组织为害,潜食叶肉,有细线虫道或椭圆形斑块,多为潜叶蛾	
	卷叶为害,幼虫吐丝缀叶,把叶片卷成各种形状,幼虫在其中食害,多为卷叶蛾、蛾螟	
为害果实的害虫	幼虫蛀入果内,串食果肉、果心,蛀孔周围变异,被蛀果面有虫粪或果内充满粪便,被害果变形或不变形,多为食心虫,包括蛀果蛾、小卷叶蛾、浇蛾、卷叶蛾	
	蛾子从管状口器刺吸果实汁液,被害果呈海绵状,易腐烂,脱落,多为吸果夜蛾	
	果树害虫除了绝大部分属于昆虫外,还有少数螨类	
	螨类中叶螨和瘿螨是多种果树上的重要害虫,主要叶螨有山楂红蜘蛛、苹果红蜘蛛等	

第四节　果树病虫害科学防治技术

一、果树病虫为害的特点

1. 搞好果园卫生是防治果树病虫害的重要基础措施

果树为多年生栽培植物，果园建成后，病虫种类和数量逐年累积，多数病菌和害虫就地在本园（本地）越冬，病虫害一旦在本园（本地）定殖就很难根除。且果树受病虫为害，不仅对当年果品产量和质量有影响，且影响以后几年的收成，搞好果园卫生，清除田间菌源、降低害虫越冬基数是防治果树病虫害的重要措施之一。

2. 防治虫害是防治某些病害的重要措施之一

一种果树会受到多种病虫为害，虫害严重发生时常常诱发某些病害严重发生。如苹果树受山楂红蜘蛛和苹果红蜘蛛严重为害后，造成大量落叶，极大削弱树势，树体抗病力下降，使苹果树腐烂病发生严重。一些害虫是某些病毒病害和菌物类病害的传病媒介，一些害虫还能传播某些细菌病害，如核桃举肢蛾能够传播核桃黑腐病。

3. 某些果树病害的发生与果树周围的林木病害有关

杨树水泡溃疡病菌是苹果烂果病的菌源之一，不宜在苹果园周围种植易感染水泡溃疡病的北京杨等品种。果园周围有桧柏等林木，能使转主寄生的苹果锈病病菌和梨锈病病菌完成侵染循环，在杨树、柳树、槐树、酸枣等林迹地上种植果树是造成白绢病和紫纹羽病发生的重要原因。

4. 果树易出现营养缺乏

果树多年在一地生长、开花，结果，长期从固定一处土壤中吸取营养，如不注意改良土壤、增施有机肥料，易出现营养缺乏，尤其是易因某种微量元素缺乏而出现相应的生理病害。如北方苹果产区常见到的缺铁黄化病、缺锌小叶病、缺硼缩果病、缺钙苦痘病就是因为缺乏某种元素而造成的营养失调。

5. 一些病虫害可通过无性繁殖材料进行传播、蔓延，且很多种病虫害可通过繁殖材料进行远距离传播

果树一般采用嫁接、插条、根蘖苗等方法进行无性繁殖。病毒病害和菌物类病害都能通过无性繁殖材料进行传染，给病毒病害和菌物类病害的防治及防止扩大蔓延带来很大困难，苹果的很多病毒病害、苹果锈果病、枣疯病等可通过无性繁殖材料传播、扩大蔓延。培育无毒、无病苗木是果树生产中亟须解决的问题。

很多危险病虫害可通过苗木、接穗等繁殖材料进行远距离传播，如苹果黑星病、苹果各种病毒病、枣疯病、葡萄根瘤蚜、苹果绵蚜、苹果小吉丁虫等病虫害，严格植物检疫是防止危险病虫传入尚未发生地区的关键措施。

6. 加强栽培管理，强壮树势，可防止病害发生、蔓延

果树进入结果期后，常由于结果过多而肥水管理跟不上，使树势急剧减退，抗病能力下降，使潜伏在枝干上的病菌特别是腐生性较强的一类病菌迅速扩展为害。如苹果树腐烂病一般是在进入结果期后逐年加重。对此应注重加强栽培管理，培育壮树。

7. 非侵染性病害常为侵染性病害的发生创造有利条件

果树不同类别病害之间关系密切，往往互为因果。非侵染性病害常为侵染性病害创造了发生发展的有利条件。冻害是苹果树腐烂病流行的重要条件，土壤积水常使苹果银叶病发生严重。侵染性病害的发生会降低果树对不良环境条件的抵抗力。柿树因柿角斑病严重发生造成大量落叶后，易遭受冻害引起柿疯病。

8. 果树根系病害防治困难

果树的根系非常庞大，入土也较深，常因缺氧而窒息，妨害根系的正常生命活动，在土壤黏重、地下水位较高、低洼湿涝地的果园更为突出。根系生命活动减弱必然影响地上部的生活力，根部本身也易招致寄生菌和腐生菌的侵染。由于根系在地下，对根部病害的防治一般较地上部病害困难。一些根部病害如葡萄根瘤蚜的防治也较困难。

二、果树病害防治的基本方法

果树病害防治的基本方法有病害检疫、农业防治、生物防治、物理防治和化学防治。

1. 植物检疫

① 概念　植物检疫是国家保护农业生产的重要措施，它是由国家颁布条例和法令，对植物及其产品，特别是苗木、接穗、插条、种子等繁殖材料进行管理和控制，防止危险性病、虫、杂草传播蔓延。

② 植物检疫的主要任务

a. 禁止危险性病、虫、杂草随着植物或其产品由国外输入和由国内输出。

b. 将在国内局部地区已发生的危险性病、虫、杂草封锁在一定的范围内，不让它传播到尚未发生的地区，并且采取各种措施逐步将其消灭。

c. 当危险性病、虫、杂草传入新区时，采取紧急措施，就地彻底肃清。

2. 农业防治

农业防治是通过合理采用一系列栽培措施，调节病原物、寄主和环境条件间的关系，给果树创造利于生长发育而不利于病原物生存繁殖的条件，减少病原物的初侵染来源，降低病害的发展速度，减轻病害的发生。农业防治是最基本的防治方法。

农业防治的主要措施有栽植优质无病毒苗木、选择抗病虫害优良品种；搞好果园清洁，及时剪除果树生长期发病的叶、果、枝，彻底清除枯枝落叶，刮除树干老翘裂皮，人工捕捉、翻树盘、覆草、铺地膜，减少病虫害来源，降低病虫害基数；加强肥水管理、合理负载，提高树体抗病虫害能力；合理密植、修剪、间作，保证树体通风透光；果实套袋，减少病虫害、农药感染；不与不同种果树混栽，以防次要病虫害上升为害；果园周围5千米范围内不栽植桧柏，以防锈病流行；适期采收和合理贮藏。

3. 生物防治

生物防治是利用有益生物及其产物来控制病原物的生存和活动，减轻病害发生的方法。如创造有利于天敌昆虫繁殖的生态环境，保护、利用瓢虫、草蛉、捕食螨等自然昆虫天敌；养殖、释放赤眼蜂等天敌昆虫；应用有益微生物及其代谢产物防治病虫害，如土壤施用白僵菌防治桃小食心虫；利用昆虫性外激素诱杀或干扰成虫交配。

4. 物理防治

利用各种物理因子、人工和器械控制病虫害的一种防治方法。可根据病虫害生物学特性，采取设置阻隔、诱集诱杀、树干涂白、涂黏着剂、人工捕杀害虫等方法。

（1）设置阻隔　根据害虫的生活习性，设置阻隔措施，破坏害虫的生存环境以减轻害虫危害。如在防治果树上的春尺蠖时，采用在果树主干上涂抹黏虫胶、束塑料薄膜或树干基部堆细沙等办法阻止无翅雌虫上树产卵。

果实套袋能显著改善果实外观质量，使果点浅小、果皮细腻、果面洁净，可有效防治果实病虫害，减轻果品的农药残留及对环境的污染，是生产高档果品的主要技术措施。

（2）诱集诱杀　是利用害虫的趋化性或其他生活习性进行诱集，配合一定的物理装置、化学毒剂或人工加以处理来防治害虫的一类方法。

① 灯光诱杀　许多昆虫有不同程度的趋光性，利用害虫的趋光性，可采用黑光灯、双色灯等引诱许多鳞翅目、鞘翅目害虫，结合诱集箱、水盆或高压电网可诱集后直接杀死害虫。

② 食饵诱杀　是利用有些害虫对食物气味有明显趋化性的特点，通过配制适当的食饵，利用趋化性诱杀害虫。如配制糖醋液（适量杀虫剂、糖 6 份、醋 3 份、酒 1 份、水 10 份）可诱杀卷叶蛾等鳞翅目成虫和根蛆类成虫；撒播带香味的麦麸、油渣、豆饼、谷物制成的毒饵可毒杀金龟子等地下害虫。

③ 潜所诱杀　是根据害虫的潜伏习性，制造各种适合场所引诱害虫来潜伏，然后及时杀灭害虫。如秋冬季在果树上束药带或束用药处理过的草帘，诱杀越冬的梨小食心虫、梨星毛虫和苹果蠹蛾幼虫等，可以减少翌年的虫口数量。

（3）树干涂白、涂黏着剂　树干涂白，可预防日烧和冻裂，延迟萌芽和开花期，可兼治枝干病虫害。涂白剂的配方为生石灰：食盐：大豆汁：水＝12：2：0.5：36。涂黏着剂可直接黏杀越冬孵化的康氏粉蚧、越冬叶螨等出蛰上树危害的害虫。

（4）人工捕杀害虫　根据害虫发生特点和生活习性，使用简单的器械直接杀死害虫或破坏害虫栖息场所。在害虫发生初期，可采用人工摘除卵块和初孵群集幼虫、挑除树上虫巢或冬季刮除老树皮、翘皮等。剪去虫枝或虫梢，刮除枝、干上的老皮和翘皮能防治果树上的蚧类、蛀杆类及在老皮和翘皮下越冬的多种害虫。

5. 化学防治

化学防治指使用化学药剂来防治植物病害，作用迅速、效果显著、方法简便。但化学药剂如果使用不当，容易造成对环境及果品和蔬菜的污染，同时长时间连续使用同一类药剂，容易诱发病原物产生抗药性，降低药剂的防治效果。化学药剂的合理使用应注意药剂防治和其他防治措施配合。

三、农药的合理安全使用

1. 农药分类

根据防治对象不同，农药大致可分为杀虫剂、杀螨剂、杀菌剂、杀线虫剂、除草剂、杀鼠剂与植物生长调节剂等。

(1) 杀虫剂　杀虫剂是用来防治农、林、卫生及贮粮害虫的农药，按作用方式不同可分为以下几类。

① 胃毒剂　通过害虫取食，经口腔和消化道引起昆虫中毒死亡的药剂。如敌百虫等。

② 触杀剂　通过接触表皮渗入害虫体内使之中毒死亡的药剂。如异丙威（叶蝉散）等。

③ 熏蒸剂　通过呼吸系统以毒气进入害虫体内使之中毒死亡的药剂。如溴甲烷等。

④ 内吸剂　能被植物吸收，并随植物体液传导到植物各部或产生代谢物，在害虫取食植物汁液时能使之中毒死亡的药剂。如乐果等。

⑤ 其他杀虫剂　忌避剂，如驱蚊油、樟脑；拒食剂，如拒食胺；黏捕剂，如松脂合剂；绝育剂，如噻替派、六磷胺等；引诱剂，如糖醋液；昆虫生长调节剂，如灭幼脲Ⅲ。这类杀虫剂本身并无多大毒性，是以其特殊的性能作用于昆虫。一般将这些药剂称为特异性杀虫剂。

(2) 杀菌剂　杀菌剂是用以预防或治疗植物真菌或细菌病害的药剂。按作用、原理可分为以下几类。

① 保护剂　在病原菌未侵入之前用来处理植物或植物所处的环境（如土壤）的药剂，以保护植物免受危害。如波尔多液等。

② 治疗剂　用来处理病菌已侵入或已发病的植物，使之不再继续受害。如硫菌灵（托布津）等。按化学成分可分为无机铜制剂、无机硫制剂、有机硫制剂、有机磷杀菌剂、农用抗生素等。

（3）杀螨剂　杀螨剂是用来防治植食性螨类的药剂。如炔螨特（克螨特）等。按作用方式多归为触杀剂，也有内吸作用。

（4）杀线虫剂　杀线虫剂是用来防治植物线虫病害的药剂。

（5）除草剂　除草剂是用来防除杂草和有害生物的药剂。

2. 农药的剂型

化学农药主要剂型有粉剂、可湿性粉剂、乳油和颗粒剂等。

（1）粉剂　粉剂由原药和惰性稀释物（如高岭土、滑石粉）按一定比例混合粉碎而成。粉剂中有效成分含量一般在10%以下。低浓度粉剂供常规喷粉用，高浓度粉剂供拌种、制作毒饵或土壤处理用。优点是加工成本低，使用方便，不需用水。缺点是易被风吹雨淋脱落，药效一般不如液体制剂，易污染环境和对周围敏感作物产生药害。可通过添加黏着剂、抗漂移剂、稳定剂等改进其性能。

（2）可湿性粉剂　可湿性粉剂由原药和少量表面活性剂（湿润剂、分散剂、悬浮稳定剂等）以及载体（硅藻土、陶土）等一起经粉碎混合而成。可湿性粉剂的有效成分含量一般为25%~50%，主要供喷雾用，也可做灌根、泼浇使用。

（3）乳油　乳油是农药原药按有效成分比例溶解在有机溶剂（如苯、二甲苯等）中，再加入一定量的乳化剂配制成透明均相的液体。乳油加水稀释可自行乳化形成不透明的乳浊液。乳油因含有表面活性很强的乳化剂，因此它的湿润性、展着性、黏着性、渗透性和持效期都优于同等浓度的粉剂和可湿性粉剂。乳油主要供喷雾使用，也可用于涂茎（内吸药剂）、拌种、浸种和泼浇等。

（4）颗粒剂　颗粒剂是由农药原药、载体和其辅助剂制成的粒状固体制剂。颗粒剂的制备方法较多，常采用包衣法。颗粒剂具有持效期长、使用方便、对环境污染小、对益虫和天敌安全等优点。颗粒剂可供做根施、穴施、与种子混播、土壤处理或撒入心叶用。

（5）烟雾剂　烟雾剂由原药加入燃料、氧化剂、消燃剂、引芯制成。点燃后燃烧均匀，成烟率高，无明火，原药受热气化，再遇冷凝结成微粒飘浮于空间。多用于温室大棚、林地及仓库病虫害。

（6）水剂　水剂是指用水溶性固体农药制成的粉末状物。可兑水使用。成本低，但不宜久存，不易附着于植物表面。

（7）片剂　片剂是指原药加入填料制成的片状物。

（8）其他剂型　随着农药加工技术的不断进步，各种新的剂型被陆续开发利用。如微乳剂、固体乳油、悬浮乳剂、可流动粉剂、漂浮颗粒剂、微胶囊剂、泡腾片剂等。

3. 用药原则

（1）全面禁止使用的农药（23 种）　六六六、滴滴涕、毒杀芬、二溴氯丙烷、杀虫脒、二溴乙烷、除草醚、艾氏剂、狄氏剂、汞制剂、砷类、铅类、敌枯双、氟乙酰胺、甘氟、毒鼠强、氟乙酸钠、毒鼠硅、甲胺磷、甲基对硫磷、对硫磷、久效磷和磷胺等农药全面禁止使用。

（2）禁止在果树上使用的农药　甲拌磷、甲基异硫磷、特丁硫磷、甲基硫环磷、治螟磷、内吸磷、克百威、涕灭威、灭线磷、硫环磷、蝇毒磷、地虫硫磷、氯唑磷、苯线磷。

4. 农药的合理使用

（1）正确选药　在施药前应根据实际情况选择合适的药剂品种，对症下药，避免盲目用药。应根据不同的防治对象对药剂的敏感性、不同作物种类对药剂的适应性、不同用药时期对药剂的不同要求等，选择适宜的药剂品种及剂型。

（2）适时用药　掌握病虫害的发生发展规律，抓住有利时机用药，提高防治效果。如一般药剂防治害虫时应在初龄幼虫期，防治越迟，防治效果越差。药剂防治病害时，一定要用在寄主发病前或发病早期，保护性杀菌剂必须在病原物接触侵入寄主前使用。还要考虑气候条件及物候期。

（3）适量用药　应根据用药量标准施用农药。不可任意提高浓度、加大用药量或增加使用次数。在用药前应清楚农药的规格，即有效成分的含量，再确定用药量。

（4）交互用药　长期使用一种农药防治某种害虫或病菌，易产生抗药性，防治效果降低。应轮换用药，尽可能选用不同作用机制的农药。

（5）农药混用与复配 将2种或2种以上对病虫害有不同作用机制的农药混合使用，兼治几种病虫害、提高防治效果。农药混合后它们之间应不产生化学和物理变化，才可以混用。农药复配要注意以下几方面。

① 2种药剂复配后不能影响原药剂的理化性质，不降低表面活性剂的活性，不降低药效。

② 酸性或中性农药（如有机磷、氨基甲酸酯类、拟除虫菊酯类等含酯结构的农药）不要与碱性农药混合。

③ 对酸性敏感的农药（如敌百虫、久效磷、有机硫杀菌剂）不能与酸性农药混用。

④ 农药之间不会产生复分解反应。例如波尔多液与石硫合剂，虽然都是碱性药剂，但混合后会发生离子交换反应，使药剂失效甚至会产生药害。

⑤ 农药混用复配后对生物会产生联合效应，联合效应包括相加作用、增效作用及拮抗作用3种，可以通过共毒系数决定能否复配。一般认为共毒系数＞200为增效，150～200之间为微增效，70～150为相加，＜70为拮抗，显然有拮抗反应的2种农药是不能复配的。

（6）防止产生药害 在果实上发生药害会对果品质量造成很大影响，降低果品的经济价值。产生药害的原因如下。

① 不同药剂产生药害的程度及可能性不同 一般无机杀菌剂易产生药害，有机杀菌剂产生药害的可能性较小，植物性药剂及抗生素产生药害的可能性更小一些。同一类药剂，水溶性越大，发生药害的可能性越大。可湿性粉剂的可湿性差或乳剂的乳化性差，使药剂在水中分散不均匀；药剂颗粒粗大，在水中较易沉淀，搅拌不均匀，会喷出高浓度药液而造成药害。

② 环境条件 一般在气温高、阳光强的条件下，药剂的活性增强，而且植物的新陈代谢作用加快，容易发生药害。

③ 用药方法 使用杀菌剂时，必须根据农药的具体性质、防治对象及环境因素等，选择相应的施药方法。

（7）避免农药对环境和果品的污染 使用高效、低毒、低残留的杀菌剂，逐渐淘汰高毒、高残留及广谱性杀菌剂。选择适宜的用药浓度、用药量及用药次数，避免滥用农药，采取化学防治和其他防治相结合的综合防治措施，减少对杀菌剂的依赖。

四、主要杀菌剂

1. 有机硫杀菌剂

有机硫类具有高效、低毒、药害轻、杀菌谱广等特点。

（1）代森锰锌　化学名称为亚乙基双二硫代氨基甲酸锰和锌离子的配位化合物。剂型有 70％可湿性粉剂、25％悬浮剂。70％可湿性粉剂，使用浓度为 800～1000 倍液。

（2）代森锌　化学名称为亚乙基双二硫代氨基甲酸锌。该药吸湿性强，在日光下不稳定，但挥发性小，遇碱或含铜药剂易分解。对人、畜低毒，对植物安全，一般不会引起药害。剂型有 60％、65％及 80％可湿性粉剂。使用浓度一般为 500～1000 倍液。可用于防治果树的霜霉病、炭疽病，葡萄褐斑病、黑痘病等病害。

（3）代森铵　化学名称为亚乙基双二硫代氨基甲酸铵。有保护和治疗作用。对人、畜低毒。制剂为 45％水剂，常用浓度为 1000倍液。可用于防治果树根腐病、葡萄霜霉病等。

（4）福美双　化学名称为四甲基二硫代双甲硫羰酰胺。不能与含铜、汞药剂混用。对人、畜毒性小。剂型为 50％可湿性粉剂，用 500～800 倍液防治葡萄白腐病、炭疽病。

2. 有机磷、胂杀菌剂

（1）乙磷铝　又名疫霜灵。化学名称为三乙基磷酸铝。对人畜基本无毒。该药为优良内吸性杀菌剂，有双向传导作用，具有保护和治疗作用。90％可溶粉剂使用浓度为 600～1000 倍液；40％可湿性粉剂使用浓度为 300～500 倍液。对霜霉属和疫霉属菌引起的病害有较好的防效。

（2）福美胂　化学名称为三-N-二甲基二硫代氨基甲酸胂，又名阿苏妙。有保护和治疗作用，残效期较长。剂型有 40％可湿性粉剂，用 500～800 倍液防治葡萄白腐病效果较好。福美胂对人畜的毒性中等，保管和使用时应该注意安全。该药不能与碱性及含铜、汞的药剂混用。

3. 取代苯类杀菌剂

(1) 甲基托布津　又名甲基硫菌灵。化学名称为 1,2-双(3-甲氧羰基-2-硫酰脲)苯。为广谱性内吸杀菌剂。对人畜较安全。剂型有 50%、70%可湿性粉剂，使用浓度为 1000～1500 倍液。可用于防治葡萄黑痘病等。

(2) 百菌清　化学名称为 2,4,5,6-四氯-1,3-苯二甲腈。常温下稳定，对紫外线稳定，耐雨水冲刷，不耐强碱。对人畜毒性低，但对皮肤和黏膜有刺激性。剂型为 75%可湿性粉剂，使用浓度为 500～800 倍液。为广谱性保护剂，对多种真菌病害有效。用于防治葡萄霜霉病、黑痘病、炭疽病等。

(3) 甲霜灵　又名瑞毒霉、雷多米尔。化学名称为 D,L-N(2,6-二甲基苯基)-N(-2'-甲氧基乙酰)丙氨酸甲酯。毒性低，内吸性能好，可上下传导，兼具保护和治疗作用。剂型为 25%可湿性粉剂，使用浓度为 1500～2000 倍液。用于防治霜霉病、褐腐病、疫病等。

4. 有机杂环类杀菌剂

(1) 多菌灵　为苯并咪唑类化合物。化学名称为苯并咪唑基-2-氨基甲酸甲酯。剂型有 25%、50%可湿性粉剂，使用浓度为 1000～1500 倍液。是一种高效、低毒、广谱性内吸杀菌剂，可用于防治子囊菌门和半知菌类真菌引起的多种植物病害如葡萄炭疽病、黑痘病等。

(2) 三唑酮　又名粉锈宁。化学名称为 1-(4-氯苯氧基)-3,3-二甲基-1-(1,2,4-三氮唑-1-基)-2-丁酮。对人畜毒性低，对蜜蜂安全。是内吸性很强的杀菌剂，有保护、治疗和铲除作用。剂型有 15%和 25%可湿性粉剂、1%粉剂。一般 15%三唑酮使用浓度为 1000～2000 倍液。主要用于治疗各种植物的白粉病和锈病，对葡萄白腐病有较好的防治效果。

(3) 苯莱特　又称苯菌灵。化学名称为 1-正丁氨基甲酰-2-苯并咪唑氨基甲酸酯。剂型一般为 50%可湿性粉剂，使用浓度为 1000～1500 倍液。为高效、低毒、广谱性内吸杀菌剂，可用于防治葡萄的白腐病、黑痘病等。在果实采收前 3 周应停止应用。

(4) 烯唑醇　又称 S-3308L、速保利。化学名称为 (E)-1-(2,4-

二氯苯基)-4,4-二甲基-2-(1,2,4-三唑-1-基)-1-戊烯-3-醇。纯品为白色颗粒，除碱性物质外，可与大多数农药混用，为具有保护、治疗、铲除和内吸向顶传导作用的广谱杀菌剂。剂型有2%、5%和12.5%可湿性粉剂，50%乳剂。12.5%的可湿性粉剂使用浓度为2000～3000倍液。

5. 抗生素

(1) 链霉素 是灰链丝菌分泌的抗生素。工业品多制成硫酸盐或盐酸盐。农业上利用其粗制品或下脚料。纯品为白色无臭但有苦味的粉末，对人、畜低毒。链霉素有很好的内吸治疗作用，主要用于防治各种细菌引起的病害。剂型为72%农用硫酸链霉素可溶性粉剂。

(2) 抗霉菌素120 化学名称为嘧啶核苷类抗生素。该抗生素有效组分为核苷类抗生素，不仅具有抗多种植物病原菌的作用，还兼有刺激作物生长的效应。具有选择性毒性，对人畜无害，易被土壤微生物降解，在植物体内存留时间一般不超过72小时。剂型有2%和4%水剂，2%水剂使用浓度200倍液，可用于防治果树各种白粉病、炭疽病、锈病、腐烂病、流胶病。

(3) 多抗霉素 又名多氧霉素。化学名称为肽嘧啶核苷类抗生素，具有较好的内吸传导作用，为广谱性杀菌剂，具有保护和治疗作用，对人畜低毒。剂型有1.5%、2%、3%和10%可湿性粉剂。1.5%可湿性粉剂可使用300倍液。对灰霉病、斑点落叶病等有效。可用于防治葡萄灰霉病等。

6. 无机杀菌剂

(1) 波尔多液 波尔多液是用硫酸铜和石灰乳配制而成的药液，天蓝色。主要有效成分是碱式硫酸铜，是一种杀菌力强、持续时间长的杀菌剂。喷布在植物上，受到植物分泌物、空气中的二氧化碳以及病菌孢子萌发时分泌的有机酸等的作用，逐渐游离出铜离子，铜离子进入病菌体内，使细胞中原生质凝固变性，造成病菌死亡。该药剂几乎不溶于水，是一种胶状悬液，喷到植物表面后黏着力强，不易被雨水冲刷，残效期可达15～20天。

波尔多液的防病范围很广，可以防治多种果树病害，如霜霉病、黑痘病、疫病、炭疽病、溃疡病、疮痂病、锈病、黑星病等。

使用时要根据不同果树对硫酸铜和石灰的敏感程度，来选择不同配比的波尔多液，以免造成药害。对铜离子较敏感的是核果类、仁果类、柿等，其中以桃、李和柿最敏感。桃树生长期不能使用波尔多液；柿树上要用石灰多量式的稀波尔多液。对石灰较为敏感的是葡萄等，一般要用半量式波尔多液。作伤口保护剂，常配成波尔多浆，配制比例是：硫酸铜∶石灰∶水∶动物油＝1∶3∶15∶0.4。

根据硫酸铜和石灰的比例，波尔多液可分为等量式（1∶1）、半量式（1∶0.5）、倍量式（1∶2）、多量式 [1∶（3～5）] 和少量式 [1∶（0.25～0.4）] 等类别。波尔多液的倍数，表示硫酸铜与水的比例，例如 200 倍的波尔多液表示在 200 份水中有 1 份硫酸铜。在生产实践中，常用两者的结合，表示波尔多液的配合比例。例如160 倍等量式波尔多液，配合比例为硫酸铜∶石灰∶水＝1∶（1～160）∶240，半量式波尔多液的配合比例为 1∶0.5∶240 等。

波尔多液的配置有如下两种方法。

两液法：取优质的硫酸铜晶体和生石灰分别放在两个容器中，先用少量水消化石灰和少量的热水溶解硫酸铜，然后分别加入全水量的 1/2，配置成硫酸铜液和石灰乳，待两种液体的温度相等且不高于室温时，将两种液体同时徐徐倒入第三个容器内，边倒边搅拌即成。此法配置的波尔多液质量高。

稀铜浓灰法：以 9/10 的水量溶解硫酸铜，用 1/10 的水量消化生石灰（搅拌成石灰乳），然后将稀硫酸铜溶液缓慢倒入浓石灰乳中，边倒边搅拌即成。注意绝不能将石灰乳倒入硫酸铜溶液中，否则会产生络合物沉淀，降低药效，产生药害。

配置时注意事项如下。

① 选用高质量的生石灰和硫酸铜。生石灰以白色、质轻、块状的为好，尽量不要使用消石灰，若用消石灰，也必须用新鲜的，而且用量要增加 30% 左右。硫酸铜最好用纯蓝色的，不夹带有绿色或黄绿色的杂质。

② 配置时水温不宜过高，一般不超过室温。

③ 波尔多液对金属有腐蚀作用，配制时不要用金属容器，最好用陶器或木桶。

④ 刚配好后悬浮性能很好，有一定稳定性，但放置时间过长

悬浮的胶粒就会互相聚合沉淀并形成结晶，黏着力差，药效降低。使用波尔多液时应现配现用，不宜久放。

（2）石硫合剂　是用生石灰、硫黄粉和水熬制而成的一种深红棕色透明液体，呈强碱性，有臭鸡蛋味。有效成分为多硫化钙。多硫化钙的含量与药液密度呈正相关，常用波美比重计测定，以波美度（°Bé）表示其浓度。

熬制方法为：生石灰 1 份、硫黄粉 2 份、水 12～15 份。把足量的水放入铁锅中加热，放入生石灰制成石灰乳，煮至沸腾时，把事先用少量水调成糊糊状的硫黄浆徐徐加入石灰乳中，边倒边搅拌，同时记下水位线，以便随时添加开水，补足蒸发掉的水分。大火煮沸 45～60 分钟，并不断搅拌。待药液熬成红褐色，锅底的渣滓呈黄绿色即成。按此方法熬制的石硫合剂，一般可以达到 22～28 波美度。

熬制石硫合剂的注意事项如下。

① 一定要选择质轻、洁白、易消解的生石灰。

② 硫黄粉越细越好，最低要通过 40 目筛。

③ 前 30 分钟熬煮火要猛，以后保持沸腾即可；熬制时间不要超过 60 分钟，但也不能低于 40 分钟。

石硫合剂可用于各种果树病害的休眠期防治。它的使用浓度随防治对象和使用时的气候条件而变。果树休眠期使用 5 波美度。

波尔多液的稀释倍数可按下列公式（重量）计算：

$$加水稀释倍数 = \frac{原液波美度}{需要稀释的波美度} - 1$$

五、主要杀虫剂

1. 特异性昆虫生长调节剂类

又称特异性杀虫剂。药剂选择性特强，仅对某种特定的害虫有效，对人畜安全，对环境污染较小，对害虫的天敌负面影响也小，是无公害园艺作物生产中害虫防治的首选药剂。杀虫机理不是直接杀死害虫，而是通过引起昆虫生理上的特异反应，抑制昆虫的正常生理代谢，引起发育和繁殖受阻，导致害虫死亡。

（1）灭幼脲　又叫灭幼脲 1 号、3 号，苏脲 1 号。属低毒杀虫剂。本品主要是胃毒作用。田间残效期 15～20 天，对人、畜和天敌昆虫安全。用于防治黏虫、松毛虫、美国白蛾、柑橘全爪螨、菜青虫、小菜蛾等。灭幼脲施药后 3～4 天始见效果，需适当提早使用，也不宜与碱性物质混合。制剂为 25％灭幼脲 3 号悬浮剂。

（2）除虫脲　又叫敌灭灵。属低毒药剂。对昆虫主要是胃毒和触杀作用。用于防治黏虫、玉米螟及蔬菜、园林上的鳞翅目幼虫。剂型为 20％除虫脲悬浮剂。

（3）氟苯脲　又名农梦特、伏虫隆、特氟脲。毒性和杀虫机理同灭幼脲 3 号，对鳞翅目幼虫有特效，尤其防治对有机磷、拟除虫菊酯类农药等产生抗性的鳞翅目和鞘翅目害虫有特效，宜在卵期和低龄幼虫期应用，但对叶蝉、飞虱、蚜虫等刺吸式口器害虫无效。剂型为 5％乳油。

（4）氟虫脲　又名卡死克，是一种低毒的酰基脲类杀虫、杀螨剂。毒性和杀虫机理同灭幼脲 3 号，具有触杀和胃毒作用，可有效地防治果树、蔬菜、花卉、茶、棉花等作物的鳞翅目、鞘翅目、双翅目、同翅目、半翅目害虫及各种害螨。剂型为 5％乳油。

（5）氟铃脲　又名盖虫散，属苯甲酰基脲类杀虫剂，是几丁质合成抑制剂，具有很高的杀虫和杀卵活性，而且速效，尤其防治棉铃虫，用于蔬菜、果树、棉花等作物防治鞘翅目、双翅目、同翅目和鳞翅目多种害虫。剂型为 5％乳油。

（6）丁醚脲　又名宝路，是一种新型硫脲类、低毒、选择性杀虫、杀螨剂，具有内吸、熏蒸作用，广泛应用于防治果树、蔬菜、茶和棉花的蚜虫、叶蝉、粉虱、小菜蛾、菜粉蝶、夜蛾等害虫，但对鱼和蜜蜂的毒性高。应注意施用地区和时间。剂型为 50％宝路可湿性粉剂。

（7）吡虫啉　又名蚜虱净、扑虱蚜、比丹、康福多、高巧等，是一种硝基亚甲基化合物，属于新型拟烟碱类、低毒、低残留、超高效、广谱、内吸性杀虫剂，有较高的触杀和胃毒作用。害虫接触药剂后，中枢神经正常传导受阻，麻痹死亡。速效，且持效期长，对人、畜、植物和天敌安全。用于防治果树、蔬菜、花卉、经济作物等的蚜虫、粉虱、木虱、飞虱、叶蝉、蓟马、甲虫、白蚁及潜叶蛾等害虫。剂型为 10％和 25％吡虫啉可湿性粉剂、20％康福多浓可溶剂、70％艾美乐水分散粒剂等。

（8）虫酰肼　又名米螨。毒性低，属促进鳞翅目幼虫蜕皮的新型仿生杀虫剂，具胃毒作用，幼虫食后 6～8 小时停食，3～4 天后死亡。可用于防治蔬菜、果树、林木上的鳞翅目害虫。剂型为24％悬浮剂。

2. 拟除虫菊酯类杀虫剂

（1）氰戊菊酯　又名速灭杀丁、速灭菊酯。属中等毒性杀虫剂。杀虫谱广，对天敌无选择性，以触杀、胃毒作用为主，适用于防治果树、蔬菜、多种花木上的害虫。剂型为 20％乳油。

（2）氯氰菊酯　又称兴棉宝、安绿宝等。是一种高效、中毒、低残留农药。对人畜安全。对害虫有触杀和胃毒作用，并有拒食作用，但无内吸作用，杀虫谱广，药效迅速。可防治园林、果树、蔬菜上的多种鳞翅目害虫、蚜虫及蚧虫等。剂型为 10％乳油、2.5％高渗乳油和 4.5％高效氯氰菊酯乳油。

（3）顺式氯氰菊酯　又名高效氯氰菊酯。属中等毒性农药。对昆虫有很高的胃毒和触杀作用，击倒性强，且具杀卵活性。在植物上稳定性好，能抗雨水冲刷。剂型为 5％、10％乳油，防治对象同氯氰菊酯。

（4）甲氰菊酯　又名灭扫利。中等毒性农药，有选择作用的杀虫杀螨剂，有较强的拒避和触杀作用，触杀幼虫、成虫与卵。对鳞翅目害虫、叶螨、粉虱、叶甲等有较高防治效果。剂型为 20％乳油。

（5）三氟氯氰菊酯　又名功夫菊酯。杀虫谱广，具极强的胃毒和触杀作用，杀虫作用快，持效期长。对鳞翅目害虫、蚜虫、叶螨等均有较高的防治效果。剂型为 5％乳油。

3. 有机磷杀虫剂

（1）敌百虫　为高效、低毒、低残留、广谱性杀虫剂，纯品为白色结晶。易溶于水，但溶解速度慢，也能溶于多种有机溶剂，但难溶于汽油。具有胃毒（为主）和触杀（弱）作用，剂型为 90％晶体、80％可溶水剂和 2.5％粉剂等。对鳞翅目幼虫如梨食心虫、桃食心虫、松毛虫、刺蛾、袋蛾等有很好的防治作用。

（2）辛硫磷　为高效、低毒、无残毒危险的有机磷杀虫剂。有触杀和胃毒作用，适于防治地下害虫，对鳞翅目幼虫有高效，也适用于喷雾防治果树害虫，如卷叶蛾、尺蛾、粉虱类等。在施入土中时，药效期可达1个多月。用于喷雾防治害虫时，极容易光解，药效期仅为2～3天。剂型为50％乳油。

（3）蔬果磷　又名水杨硫磷。是高效中毒农药，具有触杀作用、速效性和持效性好，剂型为40％乳油，适用于防治鳞翅目害虫、蚜虫、介壳虫、梨冠网蝽、天牛等，梨树对此药较敏感，应谨慎施用。

（4）毒死蜱　又名乐斯本。是高效、中毒农药，有触杀、胃毒和熏蒸作用，剂型为40％乳油，适用于防治各种鳞翅目害虫。对蚜虫、害螨、潜叶蝇也有较好的防治效果，在土壤中残留期长，也可防治地下害虫。

4. 氨基甲酸酯类杀虫剂

（1）西维因　又名甲萘威。有触杀兼胃毒作用，杀虫谱广，对人畜低毒。一般使用浓度下对作物无药害。能防治果树的咀嚼式及刺吸式口器害虫，还可用来防治对有机磷农药产生抗性的一些害虫，可用于防治园林刺蛾、食心虫、潜叶蛾、蚜虫等。剂型有25％西维因可湿性粉剂。

（2）抗蚜威　又称辟蚜雾。本品为高效、中等毒性、低残留的选择性杀蚜剂，具有触杀、熏蒸和内吸作用。植物根部吸收后，可向上输导。有速效性，持效期不长。可用于防治果树上的蚜虫，但对棉蚜效果很差。制剂为50％可湿性粉剂。

（3）异丙威　又称叶蝉散、灭扑散。该药对飞虱、叶蝉科害虫具有强烈的触杀作用，对飞虱的击倒力强，药效迅速，但该药的残效期较短，一般只有3～5天。可用于防治果树飞虱、叶蝉等害虫。常用制剂为2％、4％异丙威粉剂，20％异丙威乳油，50％异丙威乳油。

（4）硫双威　又名拉维因，是新一代的双氨基甲酸酯杀虫剂，高效、广谱、持久、安全，有内吸、触杀、胃毒作用，经口毒性高，但经皮毒性低，对鳞翅目害虫有较好的防治效果。商品剂型为75％可湿性粉剂、37.5％胶悬剂。

5. 沙蚕毒素类杀虫剂

（1）杀虫双　杀虫双在土壤中的吸附力很小。有胃毒、触杀、熏蒸和内吸作用，特别是根部吸收力强，是一种较为安全的杀虫剂，对高等动物毒性较低，慢性毒性未发现异常。药效期一般只有7天左右。杀虫双对家蚕毒性大，在蚕桑区使用要谨慎，以免污染桑叶。剂型为25％水剂和3％颗粒剂。

（2）巴丹　又叫杀螟丹。对人畜毒性中等。对害虫具有触杀和杀卵作用，对鳞翅目幼虫、半翅目害虫特别有效，可用于防治桃小食心虫、苹果卷叶蛾、梨星毛虫、蓟马、蚜虫等。巴丹对家蚕毒性大，使用时要采取措施，以免污染桑叶。制剂为50％可溶性粉剂。

6. 熏蒸剂

熏蒸剂是一类能挥发成气体毒杀害虫的药剂。主要用于仓库、温室和植物检疫中熏杀害虫。其特点是杀虫作用快，能消灭隐藏的害虫和螨类，但对人畜高毒，要特别注意安全用药。

7. 杀螨剂及其他

杀螨剂是指专门用来防治害螨的一类具有选择性的有机化合物。这类药剂化学性质稳定，可与其他杀虫剂混用，药效期长，对人畜、植物和天敌都较安全。

（1）三氯杀螨醇　本品杀螨活性高，具有较强的触杀作用，对成螨、若螨和卵均有效，可用于果树、花卉等作物防治多种害螨。制剂为20％乳油。

（2）尼索朗　本品是一种噻唑烷酮类新型杀螨剂，对多种害螨具有强烈的杀卵、杀幼若螨的特性，对成螨无效，但接触药剂的雌成螨所产的卵不能孵化。残效期长，药效可保持50天左右。该药主要用于防治叶螨，对锈螨、瘿螨防效较差。剂型为5％乳油和5％可湿性粉剂。

（3）克螨特　本品为低毒广谱性有机硫杀螨剂，具有触杀和胃毒作用，对成、若螨有效，杀卵效果差。使用时在20℃以上可提高药效，20℃以下随温度下降而递减。可用于防治蔬菜、果树、茶、花卉等多种作物的害螨。剂型为73％乳油。

（4）螨卵酯　本品对螨卵和幼螨触杀作用强，对成螨防治效果很差。可与各种农药混用。用以防治朱砂叶螨、果树红蜘蛛等。加工剂型有20％可湿性粉剂和25％乳剂。

（5）灭蜗灵 化学名称为四聚乙醛。灭蜗灵主要用于防治蜗牛和蛞蝓。可配成含 2.5％～6％有效成分的豆饼或玉米粉的毒饵，傍晚施于田间诱杀。剂型有 3.3％灭蜗灵-5％砷酸钙混合剂，4％灭蜗灵-5％氟硅酸钠混合剂。

8. 天然有机杀虫剂

（1）微生物源杀虫剂

① 阿维菌素 又名爱福丁、阿巴丁、害极灭、齐螨素、虫螨克、杀虫灵等，是一种生物源农药，即真菌菌株发酵产生的抗生素类杀虫、杀螨剂，对人畜毒性高，对蔬菜、果树、花卉、大田作物和林木的蚜虫、叶螨、斑潜蝇、小菜蛾等多种害虫、害螨有很好的触杀和胃毒作用。剂型为 0.9％、1.8％乳油或水剂。

② 苏云金杆菌 又名敌宝、包杀敌等。原药为黄色固体，是一种细菌杀虫剂，属于好氧性蜡状芽孢杆菌，芽孢内产生杀虫的蛋白晶体。现已报道，有 34 个血清型、50 多个变种，是一种低毒的微生物杀虫剂。该菌是革兰阳性土壤芽孢杆菌，在形成的芽孢内产生晶体（即 δ-内毒素），在昆虫肠道的碱性条件下降解为杀虫毒素。

（2）植物源杀虫剂

① 苦参碱 又名苦参素，是一种利用有机溶剂从苦参中提取的低毒、广谱性植物源杀虫剂，具有胃毒、触杀作用，对蚜虫、蚧、螨和菜粉蝶、夜蛾、韭蛆、地下害虫等有明显的防治效果。剂型为 0.2％、0.3％和 3.6％水剂，1％醇溶液，1.1％粉剂。

② 楝素 又名蔬果净，是一种低毒植物源杀虫剂，具有胃毒、触杀和拒食作用，但药效缓慢，主要用于防治蔬菜上的鳞翅目害虫。剂型为 0.5％楝素杀虫乳油、0.3％印楝素乳油。

（3）石油乳剂 本品是由石油、乳化剂和水按比例制成的。杀虫作用主要是触杀。石油乳剂能在虫体或卵壳上形成油膜。使昆虫及卵窒息死亡。该药剂是最早使用的杀卵剂。供杀卵用的含油量一般在 0.2％～2％。一般来说，分子量越大的油，杀虫效力越高，对植物的药害也越大。不饱和化合物成分越多，对植物越易产生药害。防治园艺植物害虫的油类多属于煤油、柴油和润滑油。该药剂可用来防治果树林木的介壳虫。使用时注意不要污染环境，不要对

葡萄优质丰产栽培实用技术 //////////

植物产生药害。

9. 石硫合剂

石硫合剂可用于防治介壳虫、螨类等。可与其他有机杀虫剂交替使用防治螨类，以减少因长期使用同一种类杀虫剂而产生抗性的可能。因呈强碱性，有侵蚀昆虫表皮蜡质层的作用，因此对介壳虫和螨类有较好的防治效果。

第五节　葡萄病害

一、葡萄白腐病

葡萄白腐病又称腐烂病、水烂病、穗烂病，是葡萄的重要病害之一。

1. 症状

白腐病主要为害果穗，也为害枝蔓和叶片（图 9-2）。

图 9-2　白腐病

（1）果穗受害　多发生在果实开始着色期。在果梗或穗轴上产生浅褐色、水渍状、边缘不明显的病斑，病部皮层腐烂，易与木质部分离脱落。

果粒受害，多从果柄部开始，迅速扩展，使整个果粒变褐色、腐烂；后在果面密生灰白色小粒点（分生孢子器）。严重时整穗腐烂，病果受震动时易脱落，严重果园地面落满一层。有时病果不脱落，失水干缩成僵果。

（2）枝蔓受害 在有机械伤伤口（如摘心或机械伤口）处或接近地面处发病。病斑呈水渍状、淡褐色，边缘深褐色，逐渐发展成暗褐色、凹陷、不规则形的大斑，表面密生灰白色小粒点。当病斑环绕枝梢一周时，上部枝、叶由黄变褐，逐渐枯死。后期病皮呈丝状纵裂与木质部分离。

（3）叶片发病 多从叶尖、叶缘开始发病，初呈水渍状、淡褐色、近圆形或不规则形的斑点，逐渐扩大成具有环纹的大斑，上面着生灰白色小粒点，以叶背面的叶脉两边为多。后期病斑干枯破裂。

2. 病害循环

病菌主要以分生孢子器、菌丝体随病残体在土壤中越冬。病枝、病穗和病果落到地面上，病菌可存活两年以上。病菌在地面和表土 20 厘米范围内数量最多。分子孢子经雨水传播。附着在土粒上的分生孢子也能随风吹扬土及农事操作传播。病菌只能通过伤口侵入果粒，不能侵入无伤口的果粒；但可直接侵入穗轴和果梗，果粒发病多因果梗或穗轴受害后蔓延所致。病菌通过伤口侵入新梢，通过水孔侵入叶片。

病害潜育期一般为 3～8 天。发病后，病部产生分生孢子器及分生孢子，分生孢子散发后，再次侵染。

3. 发病条件

① 高温高湿是病害发生的主要因素。多雨年份发病重。华东地区一般于 6 月上旬、华北于 6 月中下旬、东北于 7 月份开始发病。一般在采收前的雨季（约 7～8 月份）为发病盛期。

② 果实进入着色期和成熟期，发病程度加重。一般接触地面和近地面的果穗最先发病。

③ 土质黏重、地势低洼、通风不良的果园发病较重。立架比棚架发病重，双立架比单立架发病重，东西架向又比南北架向发病重。

④ 品种：黑虎香、沙巴珍珠、白玉、甲州较抗病，紫玫瑰香、保尔加尔等轻度感病，亚历山大、黑罕、红无子露、季米亚特等发

病稍重，红玫瑰香、黄玫瑰香、上等玫瑰香、龙眼、吉姆沙等易感病，佳里酿高度感病。

4. 防治方法

（1）清除病原　生长季节及时摘除病果、病叶，剪除病蔓；采收后清园，刮除病皮，清除下落的所有病组织，带出园外烧毁或深埋。

（2）加强管理　增施有机肥，增强树势。尽量使果穗及叶片远离地面，必要时摘除触地果穗、叶片。及时摘心、剪副梢，将枝蔓均匀地绑在架上，春季摘除过密的叶片，使通风透光，做好排水。注意预防白粉病、虫害、日灼、风沙等灾害。5～6月份干旱时，适当灌溉，防后期裂果。

（3）药剂防治

① 地面撒药　重病园在病害始发期前，于地面撒药灭菌。常用药剂为福美双1份、硫黄粉1份、碳酸钙2份，三者混合均匀后，撒施在葡萄园土面，每亩用药量1～2千克。

② 喷药保护　于病害始发期开始喷药，每隔10～15天喷一次，共喷3～5次。药剂可用50%退菌特可湿性粉剂800～1000倍液；50%福美双可湿性粉剂600倍液；50%福美双可湿性粉剂1份和65%福美锌可湿性粉剂1份，加水1000份；50%托布津可湿性粉剂500倍液；50%扑海因可湿性粉剂1000～1500倍液。白腐病菌对铜素有较强的抗性，喷波尔多液防治效果差。雨季喷药应加入皮胶5000倍液，或洗衣粉1000倍液，以提高药液黏着性。

二、葡萄黑痘病

葡萄黑痘病又名疮痂病、鸟眼病，是葡萄重要病害之一。在多雨、潮湿地区发病重。本病常造成葡萄新梢和叶片枯死，果实品质变差，产量下降。

1. 症状

主要为害葡萄的绿色幼嫩部分。以果粒、叶片、新梢为主，果穗损失大（图9-3）。

幼嫩果粒受害，果面出现圆形褐色小斑点，后扩大，直径2～5毫米，中央凹陷，呈灰白色，边缘紫褐色，似"鸟眼状"。后病斑硬化或龟裂。病果小而酸，失去食用价值。病斑限于果皮，不深入果肉。空气潮湿时，病斑上出现乳白色的黏质物，此为分生孢子团。

新梢、蔓、叶柄或卷须发病时，出现圆形或不规则的褐色小斑点，后呈灰褐色，边缘深褐色或紫色，中部凹陷开裂。枝蔓上的病斑可扩展到髓部。新梢发病严重时，生长停滞，萎缩，甚至枯死。

2. 病害循环

病菌主要以菌丝体潜伏于病组织中越冬，如病枝梢、病果、病叶、

图 9-3 葡萄黑痘病

病卷须及叶痕等部位，以病梢和病叶为主。病菌在寄主组织中可存活 3～5 年。4～5 月份产生分生孢子，借风雨传播。孢子萌发后，直接侵入寄主，后病菌形成分生孢子盘，突破表皮，湿度大时不断产生分生孢子进行再次侵染。病菌近距离主要靠雨水传播，远距离主要靠苗木、插条传播。潜育期一般为 6～12 天，在 24～30℃时潜育期最短；超过 30℃时发病受抑制。新梢和幼叶最易感染，潜育期也较短。

3. 发病条件

多雨高湿有利于分生孢子形成、传播和萌发侵入。地势低洼、排水不良、树势衰弱都会诱发病害。

东方品种及地方品种易感病，个别西欧品种也易感病，但绝大多数西欧品种及黑海品种较抗病，欧美杂交种很少感病。巨峰、季米亚特、牛奶、龙眼、无核白等高度感病；葡萄园皇后、玫瑰香、新玫瑰、意大利、小红玫瑰等中度感病；莎巴珍珠、上等玫瑰香、佳里酿等轻微感病；仙索、白香蕉、巴柯、赛必尔 2003、赛必尔 2007、水晶、金后、黑虎香等抗病。

4. 防治方法

① 根据品种抗病性差异，选育性状良好且又抗病的品种栽培。如京亚、高妻、藤稔、超藤、巨玫瑰、无核早红、京优峰后、无核

1号等。

② 秋季落叶后清扫果园，将落叶、病穗扫净烧毁。冬剪时仔细除去病梢、僵果，集中烧毁。葡萄发芽前，喷 0.5％五氯酚钠混合 3 波美度石硫合剂，或 10％硫酸亚铁加 1％粗硫酸。

③ 喷药保护　葡萄展叶后至果实着色前，根据降雨及病情决定喷药次数。开花前及落花 70％～80％时喷药最重要。药剂可用 1：0.7：（200～240）波尔多液；50％扑海因可湿性粉剂 1000 倍液；65％代森锌可湿性粉剂 500 倍液；50％敌菌丹可湿性粉剂 1000 倍液；65％代森锰锌可湿性粉剂 500 倍液；80％代森锰锌可湿性粉剂 600 倍液。红地球对铜较敏感，不宜使用波尔多液等铜制剂。上述药剂可交替使用，但波尔多液与其他药剂交替使用时需间隔 10 天以上。据青岛等地试验，葡萄果实膨大期施用代森锰锌易发生药害，应慎用。

④ 苗木消毒　新建的葡萄园或苗圃，对苗木、插条要严格检验，烧毁重病苗；对可疑苗木进行消毒处理，即在萌芽前，用上述铲除剂或 3％～5％硫酸铜或 15％硫酸铵，整株喷药或浸泡 3～5 分钟，消毒。

三、葡萄炭疽病

葡萄炭疽病又名晚腐病、苦腐病，是葡萄近成熟期引起葡萄果实腐烂的重要病害之一。

1. 症状

主要为害着色或近成熟的果实，造成果粒腐烂。也能为害绿果、叶片、蔓或卷须等，但不表现明显的症状。着色后的果实发病，在果面产生针头大小的褐色圆形斑点，逐渐扩大，凹陷，其上长出轮纹状排列的小黑点，即分生孢子盘（图 9-4）；天气潮湿时，病斑上长出粉红色黏质物，即病菌的分生孢子团；发病后期果粒软腐，易脱落，或逐渐下缩成僵果；一般病穗上开始时个别果粒发病，3～5 天即可扩及

图 9-4　葡萄炭疽病

全穗。

果梗及穗轴发病，病斑暗褐色，长圆形，凹陷，能使病部以下果穗干枯脱落，叶柄症状与果梗上相似。

2. 病害循环

病菌主要以菌丝体在结果母枝、一年生枝蔓表层组织及病果、病果梗、僵果、叶痕或节部等处越冬。翌春环境条件适宜时，产生大量分生孢子，借风雨、昆虫传播，引起初次侵染。果梗常在落果痕处裸露的维管束上产生分生孢子。越冬的病菌至夏季产生孢子的数量减少，秋季停止产生。分生孢子萌发后直接侵入寄主，蔓、叶和卷须不表现明显症状，果实接近成熟以后发病。病害潜育期一般为 3～13 天。果汁含糖量为 7％～8％时适宜发病。一般年份从 6 月中下旬开始发病，7～8 月份为发病盛期。

早熟品种发病早，晚熟品种发病晚，发病盛期都在果实成熟期。发病后病部很快产生新的分生孢子进行再次侵染。

3. 发病条件

高温多雨是病害流行的重要条件。架式过低、蔓叶过密，通风透光不良、果园地势低洼、排水不良等环境条件均有利于发病。

一般果皮薄的品种、晚熟品种发病较重。早熟品种、颜色深的品种较抗病。吉姆沙、季米亚特、无核白、牛奶、亚历山大、鸡心、保尔加尔、葡萄园皇后、沙巴珍珠、黑罕、玫瑰香、龙眼等发病较重；黑虎香、意大利、佳里酿、烟台紫、密紫、巴柯、小红玫瑰、巴米特、水晶、构叶等发病较轻；赛必尔 2007、赛必尔 2003 和刺葡萄等抗病。

4. 防治方法

① 结合修剪清除留在植株上的副梢、穗梗、僵果、卷须等，把落于地面的病株残体彻底清除，集中烧毁。

② 加强管理　生长季节及时摘心，摘除副梢，绑蔓，使果园通风透光。适当配合施用氮、磷、钾肥，提高植株的抗病力。搞好果园排水，防积水。

③ 喷药保护　葡萄发芽前喷一次 40％福美胂可湿性粉剂 100 倍液。生长期当果园中初次出现孢子时开始喷药，后每隔 10 天左右喷一次，连续喷 3～5 次。药剂可用 75％百菌清可湿性粉剂 600

倍液；65％代森锌可湿性粉剂 500～600 倍液；50％多菌灵可湿性粉剂 500～1000 倍液；15％三唑酮（粉锈宁）可湿性粉剂 1500 倍液；50％扑海因可湿性粉剂 1000 倍液；或 1∶0.5∶200 波尔多液。为提高药剂黏着性，可加入 0.03％的皮胶或其他黏着剂。

四、葡萄房枯病

葡萄房枯病又叫轴枯病、穗枯病、粒枯病。

1. 症状

房枯病主要为害果粒和穗轴，有时也为害叶片。

果梗发病，果梗基部呈深红黄色，边缘具褐色至暗褐色晕圈，病斑逐渐扩大，颜色变褐，当病斑绕枝一周时，小果梗即干枯缢缩。病菌常从小果梗蔓延至穗轴上。

果粒发病，果蒂失水萎蔫，出现不规则褐色斑，扩大到全果变紫变黑，干缩成为僵果，在果粒表面长出稀疏的小黑点（分生孢子器）。

穗轴发病，出现褐色病斑，逐渐扩大变黑色而干缩，其上长有小黑点。穗轴僵化，以下的果粒全部变为黑色僵果，挂在蔓上不易脱落。

叶片发病时，出现圆形小斑点，扩大后病斑边缘褐色，中部灰白色，后期病斑中央散生有小黑点。

房枯病病粒与白腐病病粒的颜色相似，但房枯病的病粒在萎缩后长出小黑点，分布稀疏，较大，不易脱落；白腐病病粒在干缩前就出现灰白色的小粒点，分布密集，较小，极易脱落。

2. 病害循环及发病条件

病菌以分生孢子器和子囊壳在病果或病叶上越冬。第二年产生分生孢子或子囊孢子，靠风雨传播到寄主上，初次侵染。分生孢子在 24～28℃下经 4 小时即萌发。子囊孢子在 25℃下经 5 小时才萌发。7～9 月份气温在 15～35℃时均能发病，但以 24～28℃最适于发病。

管理粗放、郁闭潮湿、树势衰弱的果园发病较重。一般欧亚系的葡萄较易感病，如龙眼等；美洲系统的葡萄发病较轻，如黑虎香等。

3. 防治方法

① 秋季落叶后，收集病株残体烧毁或深埋。加强果园排水，增施肥料，保证树势健壮。

② 葡萄发病前，一般在葡萄落花后开始喷药，每半个月喷一次，共喷 3～5 次。药剂有：70%甲基托布津可湿性粉剂、50%多菌灵可湿性粉剂或 25%多菌灵乳油 800～1000 倍液，1：0.7：200 波尔多液等。

五、葡萄褐斑病

葡萄褐斑病又名斑点病，东北、华北、西北、华东等地区均有分布。发生严重时造成早期落叶，影响产量和树势。

1. 症状

褐斑病仅为害叶片（图 9-5），病斑定形后直径 3～10 毫米的称为大褐斑病；直径 2～3 毫米的称为小褐斑病。

大褐斑病在美洲系统葡萄上，病斑不规则或近圆形，直径约 5～9 毫米，边缘红褐色，中部黑褐色，外围黄绿色，背面暗褐色，并生有黑褐色霉层。严重时病叶干枯破裂，提早脱

图 9-5　葡萄褐斑病

落。在龙眼、甲州、巨峰等品种上，病斑近圆形或多角形，直径约 3～7 毫米，边缘褐色，中部有黑色圆形环纹，边缘最外层呈黑色湿润状。

小褐斑病病斑圆形，深褐色，中部颜色稍浅，后期背面长出黑色霉状物。

2. 病害循环及发病条件

病菌主要以菌丝体、分生孢子在落叶上越冬。翌年初夏，越冬病菌产生分生孢子，或经越冬的分生孢子通过气流和雨水传播，萌发后从叶背气孔侵入。潜育期一般为 20 天左右，并不断再侵染。北方多于 6 月开始发病，7～9 月为发病盛期。发病通常从植株下部叶片开始，逐渐向上蔓延。

多雨年份、多雨地区病害发生较重。砂质地、有机质不足、土层薄、施肥少的果园发病重。

3. 防治方法

① 秋后彻底清扫落叶，集中烧毁或深埋。生长季节注意排水，适当增施肥料，使树势健壮，提高抗病力。

② 喷药保护　在发病初期结合防治黑豆病、白腐病、炭疽病等喷药，每隔 10～15 天喷一次，连续喷 2～3 次。药剂可用 1：0.7：200 波尔多液；65％代森锌可湿性粉剂 500～600 倍液；50％多菌灵可湿性粉剂 1000 倍液；50％苯莱特可湿性粉剂 1000 倍液。喷第一、第二次药时，要着重喷植株下部的叶片，使叶片正面和背面都均匀着药。

六、葡萄霜霉病

葡萄霜霉病是一种世界性病害，在我国葡萄主要产区均有分布。流行严重时，叶片焦枯、早落，枝梢扭曲、畸形，对树势和产量的影响较大。

1. 症状

主要为害叶片，也为害新梢、叶柄、卷须、幼果、果梗及花序等幼嫩部分。叶的正面形成多角形黄褐色病斑，叶背面产生白色霜霉状物。

（1）叶片发病　初期在叶正面出现半透明、油渍状的小斑点，边缘不清晰，后变成黄色至红褐色，多个病斑融合成大斑，叶片似火烧状焦枯、卷缩，早期脱落。潮湿时病斑背面产生白色霜状霉层（孢囊梗及孢子囊）。

（2）新梢、卷须、穗轴、叶柄受害　出现半透明、油渍状的斑点，后为微凹陷、黄色至褐色病斑，潮湿时病部产生白色霜状霉层，病梢生长停滞、扭曲、枯死。

（3）果梗受害　出现黑褐色坏死，易引起果粒脱落，潮湿时其上产生白色霜状霉层。果粒在如豌豆大小时最易染病，病部灰色变硬下陷，表面布满白色霜状霉层，皱缩脱落。果粒半大时受害，变褐色软腐，干缩、脱落。成熟果实染病较少，绿色品种染病变灰绿色，紫色品种染病变粉红色，病果变软（图 9-6、图 9-7）。

图 9-6 葡萄霜霉病危害叶片（引自李兴红，2012）

图 9-7 葡萄霜霉病危害果实（引自李兴红，2012）

2. 病害循环

病菌主要以卵孢子在葡萄病组织或落叶内越冬，也能以菌丝体在幼芽或未脱落的叶片中越冬。潮湿的表层土壤适宜卵孢子存活。卵孢子在落叶分解后于土壤中可存活 2 年。翌年早春，条件适宜时越冬病菌即形成孢子囊及游动孢子，经雨水传播，通过气孔侵入。在感病品种上潜育期一般为 7～12 天，在抗病品种上一般为 20 天。发病后产生孢子囊，随风传播，萌发产生游动孢子再侵染。华北及山东 7～8 月份开始发病，9～10 月份为发病盛期。

3. 发病条件

① 一般美洲系统葡萄较抗病，欧洲系统的葡萄比较易感病，巨峰品种发病较重。

② 果园地势低湿、栽植过密、棚架过低、通风透光不良、偏施氮肥、树势衰弱等利于发病。

③ 秋季低温多雨易引起病害流行。

④ 含钙量多的葡萄抗病力较强，一般老叶的钙/钾比例大，抗病；嫩叶的钙/钾比例小，易感病。

4. 防治方法

① 晚秋收集病叶、病果，剪除病梢，烧毁或深埋。在植株生长期间应适时灌水，注意排水，合理修剪。适当增施磷、钾肥料，提高植株抗病力。

② 喷药保护　抓住病菌初次侵染前关键时期喷第一次药，后每隔 7～10 天喷一次，连续喷 2～3 次。药剂可用 1：0.7：200 波尔多液；65％代森锌可湿性粉剂 500 倍液；40％乙磷铝可湿性粉剂 300 倍液；75％百菌清可湿性粉剂 600～700 倍液；或 58％甲霜灵锰锌可湿性粉剂 500 倍液。

七、葡萄白粉病

1. 症状

主要为害葡萄叶片、果穗及新枝蔓等绿色幼嫩组织。在受害部位表面产生一层白粉状物（图 9-8、图 9-9）。

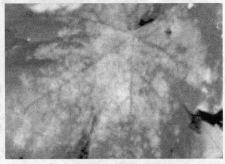

图 9-8　葡萄白粉病（一）　　　　图 9-9　葡萄白粉病（二）

（1）叶片发病　叶色褪绿或出现灰白色斑块，上覆白粉状物，轮廓不整齐，大小不等。严重时全叶布满白粉，病叶逐渐卷缩，枯萎而脱落。

（2）幼果粒发病　病部褪绿，表面出现黑色星芒状花纹，继而其上覆盖一层白粉，病果不易增大，果形小而味酸。果粒长大后染病，病部出现网状线纹，病果易开裂和干枯。有色品种的果实染病，成熟时不能正常着色。

（3）新梢、果梗及穗轴发病　产生黑褐色、网状线纹，上覆白粉状物。

2. 病害循环

病菌以菌丝体在被害组织内或芽鳞间越冬。翌年环境条件适宜时，病菌产生分生孢子借风力传播。分生孢子萌发形成芽管，在其顶端形成附着胞、侵入丝，直接穿透寄主角质层和细胞壁侵入，以吸器伸入寄主表皮细胞中吸取养分。适宜条件下侵染后 5～6 天，病菌可产生分生孢子传播，再侵染。在辽宁南部，白粉病一般在 6 月上旬开始发生，7 月上旬达到发病盛期。在山西吕梁地区白粉病一般 6 月下旬至 7 月上旬开始发生，7 月中旬至 8 月为盛发期，9 月以后发病逐渐停止。

3. 发病条件

① 夏季干旱或闷热，气温 29～35℃时，病害发展最快。降雨不利于病菌的传播、侵染，较大雨量对发病抑制明显。

② 栽植过密、蔓叶徒长、施氮肥过多、通风透光不良有利于发病。一般嫩叶、嫩梢、幼果易感病，叶蔓老化、果实着色后很少发病。

③ 品种　一般美洲系统葡萄及其杂交种表现为抗病，欧洲系统葡萄易发病。抗病品种有龙眼、金后、黑塞必尔、大鸡心、水晶等；中感品种有玫瑰香、羊奶、白玫瑰香等；易感品种有黑汉堡、亚历山大、洋白蜜、佳里酿、巨峰等。

4. 防治方法

① 及时摘心绑蔓，剪副梢，使枝蔓均匀地分布在架面上，通风透光。冬季剪除病梢，清扫病叶、病果，集中烧毁。

② 喷药保护　一般在葡萄发芽前喷一次 3～5 波美度石硫合剂；发芽后喷 0.2～0.3 波美度石硫合剂或 50％托布津可湿性粉剂 500 倍液；开花前至幼果期喷 2～3 次 50％托布津可湿性粉剂 500 倍液，15％三唑酮可湿性粉剂 1500 倍液。

八、葡萄扇叶病

葡萄扇叶病，又叫葡萄退化病，是一种病毒病害，由葡萄扇叶病毒（属线虫传多角体病毒组）引起。发病严重的果园，植株生长衰弱，寿命缩短，产量明显下降。

1. 症状

全株性病害，叶片、果实和枝蔓均可表现症状，以叶片症状最常见。

（1）叶片症状　有扇叶、黄化和沿脉变色 3 种类型。

① 扇叶型　植株矮化或生长衰弱，叶片变形，不对称，扭曲皱缩，叶缘多齿；叶柄洼的开角加大，叶脉间距缩短，整张叶片像一把半合的扇子。

② 黄化型　叶面散生形状各异的褪绿斑块，整个叶片呈乳黄色。

③ 沿脉变色　叶片沿主脉变黄，后向叶脉间区扩展，叶片轻度畸形，变小。

（2）枝蔓症状　节间短，变细，有时具双节，有时出现分叉。韧皮部和木质部间形成层细胞发育不良，植株明显矮化。

（3）果实症状　病株结果少，果穗松散，分枝少，果粒大小不一，落果现象严重。

2. 病害循环

葡萄树染病后便成为全株性病害，终生带毒。带病苗木是病害远距离传播的主要途径，病害在田间扩大蔓延靠土壤内的传毒线虫和嫁接。

3. 防治方法

新建葡萄园必须从无病毒区引进苗木、插条或接穗。

第六节　葡 萄 虫 害

一、斑衣蜡蝉

斑衣蜡蝉属于同翅目、蜡蝉科。

1. 为害

成虫、若虫刺吸嫩叶、枝干汁液，其排泄物撒于枝叶和果实上，引起煤污病发生，影响光合作用，降低果品质量。嫩叶受害常造成穿孔，受害严重的叶片常破裂。

2. 形态特征

（1）成虫 体长 15～20 毫米，翅展 40～56 毫米，雄虫较小。前翅革质，基半部淡褐色，有黑斑 20 余个，端部黑色，脉纹淡白色。后翅基部 1/3 红色，有黑斑 7～8 个，中部白色，端部黑色。体翅常有粉状白蜡。

（2）卵 圆柱形，长 3 毫米，宽 2 毫米。卵粒平行排列整齐，每块有卵 40～50 粒，卵块上面覆有 1 层土灰色覆盖物。

（3）若虫 初孵化时白色，不久即变为黑色，体上有许多小白斑。

3. 生活习性

斑衣蜡蝉 1 年发生 1 代，以卵块在葡萄枝蔓、支架、树干及枝杈处越冬。越冬卵翌年 4～5 月孵化为若虫，若虫群集于嫩枝条及叶背为害，若虫期约 60 天，经 4 次蜕皮后羽化为成虫。成虫 8 月份开始交尾产卵，成虫寿命长达 4 个月。成虫、若虫均有群集习性，活泼，善跳跃，受惊动后跳走。

4. 防治方法

① 结合冬季修剪和果园管理，将卵块压碎，彻底消灭卵块。

② 药剂防治 在若虫或成虫期可喷药防治，药剂有：10％吡虫啉可湿性粉剂 2000～3000 倍液、25％噻虫嗪水分散粒剂 6000～7000 倍液、2.5％溴氰菊酯 2000～3000 倍液等。

③ 葡萄建园，尽量远离臭椿、苦楝等杂木林。

二、葡萄根瘤蚜

1. 为害

葡萄根瘤蚜为害葡萄栽培品种时，美洲系和欧洲系品种的被害征状显然不同。为害美洲系葡萄品种时，既能为害叶部还能为害根部。叶部受害后，在葡萄叶背形成许多粒状虫瘿，称为"叶瘿型"。根部受害，以新生须根为主，也可为害近地表的主根。

为害症状：根瘤蚜可为害叶部和根部。在须根端部膨大成比小米粒稍大的略呈菱形的瘤状结，在主根上形成较大的瘤状突起，称"根瘤型"（图9-10）。欧洲系葡萄品种，主要为害根部，为害症状与美洲系葡萄根部被害状相同，但叶部一般不受害，有适应在叶部生活的竺；根瘤常发生溃烂，并使皮层开裂、剥落，维管束遭到破坏，影响葡萄根部水分和养分的吸收、输送，受害部分还容易引起其他病菌的感染，造成根部腐烂。受害树树势衰弱，提前黄叶，落叶，产量大幅度降低，严重时整株枯死。

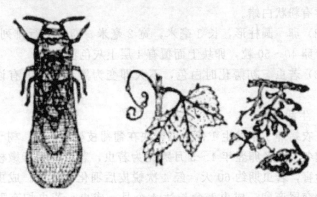

图 9-10　葡萄根瘤蚜及为害状

2. 生活史及发生规律

葡萄根瘤蚜主要以孤雌生殖进行繁殖，只在秋末才行两性生殖。葡萄根瘤蚜孤雌生殖时，母蚜产出来的不是若虫而是卵，与其他蚜科昆虫不同。

根瘤型每年发生5~8代，叶瘿型每年发生7~8代，以有性雌蚜和有性雄蚜交配，产卵越冬。国内发生的葡萄根瘤蚜绝大部分属于根瘤型，以初龄若虫及少量卵在枝干或根部越冬。

根瘤型葡萄根瘤蚜在山东省烟台地区，全年能发生8个世代。主要以1龄若虫及少量卵在10毫米以下的土层中、2年生以上的粗根根杈、缝隙被害处越冬。次年春季4月后越冬若虫开始活动，为害粗根，5月上旬开始产第一代卵。

葡萄根瘤蚜可由叶瘿型直接转变成根瘤型，但根瘤型绝不能直接转变成叶瘿型。为害葡萄叶后，就能形成虫瘿。

卵和若虫有较强的耐寒能力，在−14～−13℃时死亡。土温上升到10℃时开始活动，4～10月份，月平均温度为13～18℃，降雨量平均在100～200毫米左右，最适合于葡萄栽培，也最宜于葡萄根瘤蚜的发生与繁殖，7～8月份降雨量过多，影响其繁殖，气候干旱可引起其猖獗为害。

山地黏土、壤土或含有大块石砾的黄黏土，疏松有团粒结构的土壤，土内水分多，空气流通，土温比较稳定，土壤孔隙大，适于根瘤型蚜的发育繁殖和活动，发生多，为害重。在砂土地不发生或少发生葡萄根瘤蚜的为害。

葡萄根瘤蚜依靠雨水冲刷、水流、风力和劳动生产工具等的携带传播，扩散到发生区附近的葡萄园内。由国外引入葡萄时，苗木、插条、砧木也是传播的主要途径之一。

3. 防治方法

① 辛硫磷处理土壤　用50％辛硫磷500克，均匀拌入50千克细土，每亩用药量约250克，于下午3～4点施药，施药后随即深锄入土内。

② 培育抗蚜品种，建无虫苗圃　选择抗蚜性强的砧木和接穗嫁接，培育健壮苗木。选择不适宜于葡萄根瘤蚜的沙荒地开发建立成葡萄苗圃或果园，生产出较多的无葡萄根瘤蚜苗木。

③ 严禁从疫区调运苗木、插条、砧木等。加强对内对外检疫检验。

④ 苗木处理　从疫区或可疑地区调运葡萄苗木、插条、砧木时，必须进行药剂消毒或熏蒸。药剂处理苗木时，用50％辛硫磷乳油1500倍液，每10～20枝苗木或插条捆成一捆，去掉苗木上的土，在药液中浸蘸1分钟，浸蘸、阴干，后用草袋包装，处理后对发芽、成活无影响。对包装苗木用的草袋也须做同样处理。

美国目前用六氯丁二烯处理土壤，每平方米用药15～25克，有效期3年以上，并能刺激根、叶生长，无残毒。

三、葡萄虎蛾

葡萄虎蛾属于鳞翅目、虎蛾科，又名葡萄虎夜蛾、鸢色虎蛾。

1. 为害症状

幼虫取食葡萄叶片，使叶片出现残缺或大小孔洞，严重时能把嫩叶吃光，有时还咬断幼穗的小果穗及果梗等。

2. 形态特征

（1）成虫　体长 18～20 毫米。头胸及前翅紫褐色，前翅中央有肾状纹和环状纹各 1 个。后翅橙黄色。腹部杏黄色，背面有 1 列紫棕色毛簇。

（2）幼虫　老熟时体长 40 毫米。头部黄色，上有明显黑点。胸腹背面淡绿色，前胸背板及两侧为黄色，身体每节有大小黑色斑点，疏生白毛。

（3）蛹　红褐色，长 20 毫米，尾端齐。

3. 生活习性

1 年发生 2 代。以蛹在葡萄根部附近或葡萄架下的土中越冬。翌年 5 月中旬开始羽化为第一代蛾。6 月下旬幼虫开始孵化，为害葡萄叶片，至 7 月中旬左右化蛹。7 月中旬至 8 月中旬出现第二代成虫。8 月中旬至 9 月中旬为第二代幼虫为害时期。幼虫老熟后入土化蛹越冬。

4. 防治方法

① 人工捕捉。

② 化学防治　常用药剂有 50％杀螟松乳油 1000 倍液、25％亚胺硫磷 500 倍液、50％马拉松乳油 800～1000 倍液。

四、葡萄透翅蛾

葡萄透翅蛾属鳞翅目、透翅蛾科。

1. 为害

幼虫蛀食葡萄枝蔓。髓部蛀食后，被害部肿大，致使叶片发黄，果实脱落，被蛀食的茎蔓容易折断枯死（图9-11）。

2. 形态特征

（1）成虫　全体黑褐色，触角紫黑色，前翅赤褐色，后翅透明。头顶、颈部、后胸两侧腹部有 3 条黄色横带。雄蛾腹部末端左右各有长毛丛一束，雌蛾无。

（2）卵　椭圆形，略扁平，红褐色，长径约 1.1 毫米，全体略呈圆筒形。

（3）幼虫　头部红褐色，腹部黄白色，老熟时带紫红色，前胸背板有倒"八"形纹，胸足淡褐色，爪黑色。

（4）蛹　红褐色，圆筒形。

3. 生活习性

各地均 1 年发生 1 代，以幼虫在葡萄枝蔓中越冬。翌年春季，越冬幼虫在被害处咬一圆形羽化孔，作茧化蛹。始蛾期与葡萄抽芽、开花相吻合，河北 6 月上旬成虫开始羽化。成虫有趋光性，行动敏捷，飞翔力强。雌蛾

图 9-11　葡萄透翅蛾成虫和
幼虫为害状

羽化当日交配，翌日开始产卵。卵单粒于葡萄嫩茎、叶柄及叶脉处，平均 45 粒，卵期约 10 天。成虫寿命 3～6 天。幼虫孵化后多从新梢叶柄基部蛀入嫩茎中蛀食，危害髓部，形成长形孔道，被害处上方的枝条枯死。幼虫因食料缺乏，常转移到粗茎叶食害，被害粗茎常膨大或形成瘤状，致使叶片枯黄，果实未成熟即行落果，严重影响产量。幼虫一般可转移 1～2 次，多在 7～8 月份转移。在生长势弱、节间短及较细的枝条上转移次数多，较高龄幼虫转入新枝后，先在蛀孔下环蛀一较大的空腔，受害枝折断、枯死。

幼虫在为害期常将大量虫粪从蛀孔处排出。10 月以后，幼虫在被害枝蔓内越冬。

4. 防治方法

① 结合冬季修剪，将被害枝蔓剪除。剪除的枝蔓要及时处理。

② 于成虫期和幼虫孵化期喷布 50% 杀螟松乳油 1000 倍液，并可用黑光灯诱杀成虫。

③ 6～8 月份剪除被害枯梢和膨大嫩枝进行处理。大枝受害可直接注入 50% 杀螟松乳油 1000 倍液，并用黄泥将蛀孔封闭，熏杀幼虫。

五、葡萄虎蛾

1. 为害

幼虫取食葡萄叶片，使叶片出现残缺或孔洞，严重时能把嫩叶

吃光。有时还咬断幼穗的小果穗及果梗等。

2. 形态特征

（1）成虫　体长 18～22 毫米。头胸部紫棕色，腹部及足黄色。前翅灰黄色，密布紫棕色鳞片。翅外缘和后缘部分紫棕色。距外缘 1/3 处和距翅基部 1/3 处各有一灰黄色横纹，两横纹之间有紫棕色肾形和环状纹各 1 个。

（2）卵　圆形，直径约 1 毫米，乳白色。

（3）幼虫　体长 32～42 毫米，头橘黄色，密布黑斑，腹部、胸黄色或黄绿色，各体节密布不规则黑斑。腹部第八节隆起。

（4）蛹　红褐色，长约 20 毫米。

3. 生活习性

一年发生两代。以蛹在葡萄根部附近或葡萄架下的土壤中越冬。北方地区来年 5 月份开始羽化为成虫。成虫将卵散产于叶片上，6 月份开始出现第一代幼虫，6～7 月份以幼虫为害叶片，8～9 月份出现第二代幼虫进行为害。幼虫受惊扰时，头部摆动，并吐黄绿色黏液，静伏时头部抬起。幼虫老熟后入土化蛹越冬。

4. 防治方法

① 冬季结合修剪，除去虫枝，消灭幼虫。

② 化学防治　药剂有 50％杀螟松乳油 1000 倍液、25％亚胺硫磷 500 倍液、50％马拉松乳油 800～1000 倍液。

六、葡萄虎天牛

1. 为害

幼虫从芽眼处蛀入茎内，先在皮下为害。被害部稍隆起，表皮变黑。虫粪排于隧道内，表皮外无虫粪。幼虫后蛀入木质部，被害处易折断。

2. 形态特征

（1）成虫　体长 15 毫米，黑色，胸部暗红色。鞘翅有 X 形黄白色斑纹，近末端有一黄白色横纹。腹面有 3 条黄白色横纹。

（2）卵　长 1 毫米，椭圆形，一端稍尖，乳白色。

（3）幼虫　体长 17 毫米，淡黄白色，或带微红晕，头小，黄褐色，但紧接头部的前胸宽大，淡褐色，后缘有山字形细纹沟。

无足。

（4）蛹　为裸蛹，长 12～15 毫米，黄白色，复眼淡赤色。

3. 发生规律

每年发生一代。以初龄幼虫在枝蔓内越冬。来年 4～5 月份开始蛀食为害，至末龄时食量大增，也横向蛀食，使枝条折断。老熟幼虫在枝蔓内化蛹。6～8 月份出现成虫，将卵产在新梢基部芽腋间或芽旁，5 天后孵化出幼虫。幼虫孵出后蛀入新梢内，纵向为害。

4. 防治方法

① 冬季修剪时发现被害的枝条时，将越冬的幼虫杀死。生长期剪除枯死新梢，并将幼虫杀死。

② 化学防治　在春季产卵期喷 50％杀螟松乳油 1000 倍液。

七、葡萄短须螨

葡萄短须螨属于蜱螨目、细须螨科，又名葡萄红蜘蛛。

1. 为害

每年春天自葡萄展叶开始，以幼虫、成虫先后在嫩梢基部、叶片、果梗、果穗及副梢上为害。

叶片受害，叶面出现很多黑褐色的斑块，严重时焦枯脱离。

果穗受害，果梗、穗轴呈黑色，组织变脆，极易折断。

果粒前期受害后，果面铁锈色，果皮表面粗糙影响果粒生长。果穗后期受害影响果实着色，严重影响葡萄的产量和品质。

2. 形态特征

雌成螨体微小，体赭褐色，眼点红色，腹背中央红色。体背中央呈纵向隆起，体后部末端上下扁平。

（1）卵　卵圆形，鲜红色，有光泽。

（2）幼虫　体鲜红色，有足 3 对，白色。体两侧前后足各有 2 根叶片状的刚毛。腹部末端周缘有 8 条刚毛。

（3）若虫　体淡红色或灰白色，有足 4 对。

3. 生活习性

1 年发生 5～6 代以上。以雌成虫在老皮裂缝内、叶腋及松散的芽鳞绒毛内群集越冬。越冬雌成虫在第二年 4 月中下旬出蛰，为害刚展叶的嫩芽，半个月左右开始产卵。以幼虫、若虫和成虫为害嫩芽基部、叶柄、叶片、穗柄、果梗、果实和副梢。10 月下旬开始转移到叶柄基部和叶腋间，11 月全部进入越冬。

叶片表面绒毛短的品种受害较重，如玫瑰香、黄金钟、加里娘等。而在叶片绒毛密而长的品种上或绒毛少而光滑的品种上受害轻，如白马拉加等。

7～8 月份的温湿度最适合繁殖，发生数量最多。

4. 防治方法

① 冬季清园，剥除枝蔓上的老粗皮烧毁，消灭越冬的雌成虫。

② 春季葡萄发芽时，喷 3 波美度石硫合剂防治效果很好。在 3 波美度石硫合剂中混加 0.3％洗衣粉，防治效果更显著。

③ 葡萄展叶后，短须螨发生初期，可喷施 2.5％溴氰菊酯乳油 2000 倍液、20％双甲脒乳油 1000～1500 倍液、73％炔螨特乳油 2000 倍液、20％甲氰菊酯乳油 1000～2000 倍液、20％四螨嗪乳油 2000 倍液、5％噻螨酮乳油 2000 倍液、2.5％氯氟氰菊酯乳油 6000 倍液等。

八、金龟子类

1. 为害

常见危害葡萄的金龟子主要有以下几种：东方金龟子、苹毛金龟子、铜绿金龟子、白星金龟子等。早春葡萄萌芽后，金龟子先后出来啃食嫩芽、花蕾、叶片和果实。受害严重时，葡萄不能正常抽生新梢，树势衰弱，影响开花结果。白星金龟子主要危害果实，成虫常几个群集危害成熟的葡萄果实，把果实食成"空壳"。幼虫统称为蛴螬，生活在土壤中，啃食幼苗的根茎部，造成植株生长缓慢，严重时将根茎咬断，全株枯萎死亡。

2. 成虫形态特征

(1) 苹毛金龟子　体长约 10 毫米，卵圆形，头胸背面紫铜色，上有刻点。腹部两侧有明显的黄白色毛丛。翅鞘茶褐色，有光泽。腹端露出翅鞘外方。

(2) 东方金龟子　体长 6～8 毫米，近卵圆形，黑色或黑褐色，无光泽，体上布满极密极短的绒毛。

（3）铜绿金龟子　体长 19 毫米左右，椭圆形，头和胸部背面深绿色，胸背板两侧淡黄色，翅鞘铜绿色，有光泽，翅上有 4～5 条隆起线。

（4）白星金龟子（白斑金龟子）　体长约 22 毫米，灰黑或黑褐色，具有绿色或紫色光泽。前翅上有十余个白斑，前胸背板和翅鞘上有许多小白点。

3. 发生规律

1 年发生 1 代，有的 2 年发生 1 代。以成虫或幼虫在土里越冬。春天发生最早的是东方金龟子和苹毛金龟子，在葡萄萌芽期从土中钻出危害，在葡萄生长期铜绿金龟子主要食害叶片，白星金龟子主要食害果实。成虫具有假死性。

防治适期：在开花前 2 天，进行喷药保花。根据预测预报在成虫大量发生时喷药保护。

4. 防治方法

（1）农业防治

① 每年秋季上冻前结合秋施基肥翻树盘。

② 利用成虫的假死习性，在成虫盛发期于清晨或傍晚敲树震虫，树下用塑料布接虫、杀灭。

③ 利用成虫的趋光性，于成虫发生期，在果园安装黑光灯诱杀。

（2）化学防治　地面施药，控制潜土成虫。常用药剂有 25％辛硫磷微胶囊剂、50％辛硫磷乳油或 40％毒死蜱乳油，每亩用药量为 0.3～0.4 千克，稀释成 300 倍液，均匀喷布到地面。

成虫发生期喷 2.5％高效氯氟氰菊酯水乳剂 2000 倍液。

附　录

一、葡萄科学栽培管理技术答疑

（内容选自陈敬谊在河北电视台"农博士在行动"
答疑，按答疑月份列出，供参考）

1 月答疑

1. 满城观众问：葡萄下雨后裂果特别多，应该怎样防治？

答：这是一种生理病害，葡萄裂果是生理病害，多发生在即将收获时期，其症状有二：一是果顶裂开；二是果蒂部裂开。通常板结泥土，排水差的黏质泥土，易涝、干旱的泥土发生裂果严重；连阴雨放晴、急剧高温、着色期多雨时易裂果；结果量大、疏果不当，易引起裂果。其预防办法如下。

① 调节泥土水分。泥土水分急巨变革、泥土透性差、排水不良时，要采取明渠或暗渠搞好排水。同时，经过深翻和施有机肥、石灰等改良泥土物理性状，以减少泥土水分变革。

② 覆盖地膜。葡萄园覆盖地膜，既可避免根系吸收过多的雨水，又可避免地面水分蒸发，减少泥土水分变革。干旱时，要把覆盖与灌水联结起来。

③ 调节结果量。葡萄着色不良的树或着色不好的年份，发生裂果尤多，因此要经过疏穗、疏粒、掐穗，调整好结果量，减少裂果。

④ 遮果。葡萄果面直接吸收雨水，或从根部吸收水分后，果实产生膨胀压，导致引起裂果。因此，雨天采取遮雨办法，能有效地避免裂果，采取果实套袋，可收到良好的效果。

⑤ 中耕除草。中耕松土既可消灭杂草、减少病虫害的发生，

同时又可蓬松泥土，具备旱能提墒、涝能晾墒、调节泥土含水量的作用。通常 10～15 天中耕一次，雨后应及时中耕散墒。

⑥ 防治病虫害。葡萄病虫害造成伤口是葡萄裂果的重要因素，因此，及时做好葡萄病虫害的防治工作极为重要。彻底消除枯枝、落叶，将病叶、病果烧掉或深埋。萌发前喷布 5 波美度石硫合剂。白粉病发生时可喷 25％粉锈宁 1500 倍液，或 70％甲基托布津可湿性粉剂 1000 倍液，连喷 2～3 次，或退菌特 800 倍液防治。防治虫害可选用氧化乐果 1000～1500 倍液，或 1605 乳液 1500 倍液。

⑦ 尽量不用果实膨大剂蘸果穗，接近成熟期施用膨果肥不超过 20 斤/亩。

2. 天津观众问：砂浆土上葡萄长得不好，有没有什么好的方法？

答：主要问题是土壤透气性差，肥力低。解决方法是：①大量使用猪粪、牛粪等腐熟的有机肥，不要施用鸡粪，改良土壤增加透气性。②将秸秆粉碎后地面覆盖，效果很好。③加大复合肥的用量，增加土壤肥力。④雨后及时中耕，增加土壤透气性。

3 月答疑

1. 枣强观众问：大棚葡萄，半个月了不开花，想问应该用什么药？

答：可能是气温低或其他原因造成的，不要乱用药。避免造成药害。

2. 廊坊观众问：大棚葡萄打了除草剂，现在葡萄秧出现药害了，该怎么挽救？

答：①升温促长。②加强肥水管理。

5 月答疑

1. 宁晋观众问：我们的葡萄发芽后长出来的穗被雪冻坏了，我想咨询：之后还会长吗？后期应该如何管理？

答：葡萄一次果受害后，可以促发二次果，做法是，选粗壮的枝留 6 个叶片，将上部所有叶片剪除，冬芽萌发后会出现二次果，然后加强管理，效果很好。

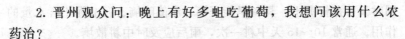

2. 晋州观众问：晚上有好多蛆吃葡萄，我想问该用什么农药治？

答：发现后可以喷菊酯类杀虫剂进行杀灭。

3. 饶阳观众问：葡萄的叶子发黑发黄，叶子边缘慢慢发干，我想问葡萄得了什么病？

答：估计是前期冻害或上一年早落叶造成的，不是病害，加强管理即可。

4. 石家庄观众问：请问葡萄长白粉病该怎么办？

答：①秋末彻底清除病叶、病果、病枝，集中烧毁或深埋。②出土后未发芽前喷 3～5 波美度石硫合剂。③6 月开始每 15 天喷 1 次波尔多液，连续喷 2～3 次进行预防。④发病初期喷药防治，70%甲基硫菌灵可湿性粉剂 1000 倍液，醚菌酯（控白）8000～1000 倍液，20%三唑酮·硫（三唑酮·硫黄）悬浮剂 2000 倍液。

5. 涞源观众问：我种着巨峰葡萄，现在葡萄根全死了，这是什么原因？

答：①上一年结果过多。②叶片病害严重，造成叶片过早脱落。③土壤黏重，水分过多。④冻害造成。可自己分析是上述哪种原因。

6. 饶阳观众问：我种植的红提葡萄长得不匀事，望帮助。

答：如果是葡萄树，可以通过加强肥水管理来解决；如果是果实可通过花前摘心，疏花疏果来解决。

7. 廊坊观众问：葡萄发黄施什么肥？

答：①及时防治叶片病害，防止叶片得病造成过早脱落。②控制产量，防止由于结果过多造成树势衰弱，叶片发黄。③增加有机肥的用量。④叶片喷磷酸二氢钾等营养性肥料。⑤土壤松土，增施含铁、锌、镁等的中微量元素肥料。

8. 饶阳观众问：葡萄叶边缘发黑，是怎么回事？

答：①由于风大造成叶片之间摩擦造成。②病害，可喷杀菌剂进行防治。

6 月答疑

1. 永清观众问：我们这的葡萄现在大小粒特别多，该怎么管理？

答：这是葡萄的大小粒现象，有些品种在栽种几年后，开始出现这个问题，而且越来越严重。解决方法是：①冬季修剪时，多选留中等粗度的枝条，去掉很粗壮的枝条。②花前进行疏花疏果，去掉副穗和穗尖。③花前 7 天至花初期去掉所有副梢，主梢也要摘心，集中营养，确保果粒大小整齐一致。④科学施肥，包括大量元素复合肥、微量元素肥、生物菌肥配合使用。

2. 山东威海观众问：我种的红宝石无核葡萄刚刚开花，现在能不能掐尖？

答：能，要马上进行，过了花期就起不到提高坐果的作用了。

3. 饶阳观众问：葡萄快熟的时候掉粒，这是怎么回事？

答：是一种或几种葡萄果实病害感染造成的。①雨后及时排水和松土。②果实可进行套袋预防。③雨季 10～15 天喷一次杀菌剂预防。

4. 满城观众问：葡萄在套袋之前打什么药好？葡萄的叶子发黑发黄，叶子边缘慢慢发干，我想问葡萄得了什么病？

答：用"大生"等保护性杀菌剂就行。黄叶有可能是前一年落叶过早造成的，要及时喷杀菌剂保护叶片，防止过早脱落。也有可能是根系病害，要及时用 500 倍杀菌剂灌根。

5. 廊坊观众问：我家葡萄现在出现粒有大也有小的，穗个太小不爱长，应该用什么农药？

答：不是病造成的。①不要挂果太多，要去掉过多的果穗。②加强施肥，尤其是钾肥。

6. 深州观众问：我们村种的葡萄，葡萄粒上长了白色的霜，我想问这是得了什么病？

答：是果粉，是正常现象，不是病。

7. 新乐观众问：我种的葡萄黄叶，葡萄也是黄的，叶子还特别小，这是怎么回事？应该怎么治？

答：黄叶有可能是前一年落叶过早造成的，要及时喷杀虫、杀菌剂保护叶片，防止过早脱落。也有可能是根系病害，要及时用 500 倍杀菌剂灌根。

8. 江苏观众问：夏黑葡萄现在长到黄豆那么大，葡萄粒上有小白点，该怎么治？

答：可能是病害的初发症状，可及时喷杀菌剂进行防治，如甲基托布津 700 倍液、多菌灵 600 倍液等。

9. 唐县观众问：种了十年多的葡萄，现在总是不挂果，是什么原因？

答：①有些品种花芽分化节位高，修剪时必须要留 4～5 芽，才能有最好的花序。②有些品种成花难，要达到直径 1 厘米的粗度才能有好花芽。③采取促花措施，每节上除留大叶以外，副梢留 1～2 叶片后摘心，达到每 3 叶片保一个芽成花，效果很好，可试一试。

10. 乐亭观众问：我种了 20 年的葡萄，没有遇到过大小粒的现象，现在葡萄大小粒，用什么方法可以补救？

答：有些品种栽植几年后会出现大小粒现象，树势或枝条越旺长，大小粒现象越严重。解决方法为：①冬季修剪时，不留太强旺的枝条作结果枝，多留中庸的枝条。②加大施肥量，葡萄是喜肥的果树之一，但应减少氮肥、控制磷肥，增加钾肥，及时补充钙肥和微量元素肥料。③有条件的果园可增加腐熟的有机肥的用量，效果更好。

7 月答疑

1. 清苑观众问：我在冷棚种的是藤稔葡萄品种，前几天有少量裂果，因为下雨把棚放下了，最近几天出现大量裂果，现在已经六七成熟。这种情况在农户中普遍存在，望专家指导。

答：葡萄裂果和下雨放棚没有直接的关系，不管保护地还是陆地葡萄，造成裂果的原因有以下几个方面。

原因 1 果实生长前期土壤干旱，接近成熟期突然下大雨或大水漫灌，土壤水分变化过大，果实膨压骤增，造成果实开裂。在灌溉条件差、地势低洼、土壤黏重、排水不良的葡萄园，易发生裂果现象。解决方法：可以适时灌水、及时排水，使土壤内保持一定的水分，避免土壤内水分变化过大；再有就是要经常疏松土壤，防止土壤板结。

原因 2 叶片较少，使幼果果实表面直接受到夏季强光照射，造成果皮老化，果实膨大时会造成裂果。可在生长期适当多留叶片，等到着色期再及时摘除遮光叶片，促进着色。

原因3　葡萄植株留的枝蔓过多，架面郁闭，通风透光不良，果实成熟后皮薄而脆，易发生裂果。解决方法：按每平方米架面留8～10个结果母枝的标准进行修剪。

原因4　幼果期喷洒膨大剂浓度过高，也会造成葡萄裂果。注意掌握好膨大剂浓度或不喷。

原因5　偏施氮肥，造成碳氮比例失调，树体营养供求失衡，果皮细嫩薄弱，缺乏弹性，易裂果。适当控施氮肥，增施钾肥。

原因6　膨果肥一次用量太大，葡萄果实生长过快也会造成裂果。

原因7　葡萄套袋能有效减少葡萄裂果现象的发生。

2. 廊坊观众问：葡萄黄叶是什么病，已经出现蔓延用什么药好？

答：好，我讲一下葡萄黄叶的原因和防治方法。

① 葡萄园土壤黏重或透气性差，新根生长困难，影响营养吸收，会造成黄叶。应每年秋季增施有机肥或埋秸秆，改良土壤，增加透气性。

② 因病虫害造成葡萄叶片过早脱落，树体冬前贮藏营养不足，造成第二年葡萄树萌芽后，新梢叶片发黄。防治方法：夏秋季要及时喷洒杀虫、杀菌剂防治，保证叶片冬前正常时间脱落。

③ 前一年结果过多，或者是摘心过重，叶片数量少，积累营养不足，造成黄叶。解决方法：适量结果，控制产量。同时果穗上留5～6片叶摘心，既能保证果穗发育正常，产量高、品质好，又能增加根系贮藏营养，避免第二年发生黄叶。

④ 盐碱地葡萄园或土壤碱性过强也能造成黄叶。及时浇水压碱或挖排碱沟，加上多使用酸性肥料，如硫酸铵、硫酸钾能消除或减轻黄叶症状。

⑤ 地下水位过高或受到涝灾，导致土壤透气性变差。解决方法：避免在低洼地建园，雨后及时排水。

⑥ 土壤中缺少某些微量元素如铁、锌、镁等，也会造成叶片失绿。应及时土施或叶片喷洒对应的微肥。

⑦ 有时葡萄枝蔓受到轻微冻害也会造成黄叶，应根据气温变化，秋末及时埋土，不要过晚。春季气温稳定升高后再出土，不要过早。

3. 满城观众问：红乳葡萄有斑点慢慢就掉粒了，太阳光没有直接照着，请专家指点。

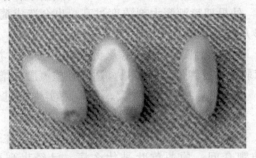

答：这是葡萄白腐病在果粒上的侵染初期症状，葡萄白腐病俗称"水烂"或"穗烂"，是河北葡萄产区经常发生的一种主要真菌病害，在多雨或潮湿年份发病严重，有时会出现果粒全部脱落的现象。叶片、枝条也会受侵染发病，给果农造成很大经济损失。防治方法：①由于白腐病菌在病果、病梢和土壤中越冬，所以结合冬季修剪，做好果园清洁工作是减少菌源、控制病害的有效措施。②在发病初期用地膜覆盖地面防止病菌侵染果穗，效果也很好。③病菌主要从伤口侵入，所以通风透光、及时整枝和尽量减少伤口、提高果穗离地面距离、注意排水、降低地面湿度等一系列措施，都可抑制病害的发生和流行。④药剂防治，通常在发病始期（6月中下旬）喷第一次药，以后每隔 8～15 天左右喷一次，共喷 3～5 次即可。常用药剂有：50％托布津可湿性粉剂 600 倍液，75％百菌清可湿性粉剂 600～700 倍液等。

4. 威县观众问：葡萄施什么肥好？

答：葡萄是喜肥果树，在秋季或春季挖沟施入大量腐熟的有机肥，第二年出土后、果实膨大和着色期追施一定量的速效三要素复合肥 2～3 次。

5. 鹿泉观众问：葡萄地里刚喷了药，下雨了还管用吗？

答：如果喷药 2 小时后下雨，不影响效果；如果间隔时间太

短，则效果不好，应及时补喷。

11 月答疑

邢台观众问：影响葡萄上果粉的因素是什么？影响葡萄果粒膨大的因素是什么？

答：① 果粉的成分是一种多糖，是由光合作用制造的单糖转化而成的。因此要想葡萄果粉多，必须先使葡萄果内含糖量高。

② 果实的膨大取决于果实内种子制造的赤霉素的多少，因此，要想使果粒增大，必须通过加强授粉使果实内种子数量多而且饱满，这样果实肯定个大，或可以在幼果期蘸含有赤霉素的果实膨大剂也能达到果粒大的目的。

二、葡萄园周年管理历

（引自刘崇怀主编，优质高档葡萄生产技术）

休眠期

土肥水管理：寒潮来临前灌水，特别干旱时进行冬灌；新建园及苗圃地的准备；制订全年的管理计划，购置、准备各种生产资料。

果实枝蔓管理：冬季修剪，采集种条，刮老树皮，彻底清园；修整架材、道路、水渠；苗木出圃、分级、贮藏和销售；果实贮藏期的管理；北部地区埋土防寒；中部和南部葡萄产区新建园秋栽或秋插。

病虫害防治：熬制石硫合剂，萌芽前喷布 3～5 波美度石硫合剂＋500 倍五氯酚钠对越冬病原菌和害虫进行铲除。

萌芽期

土肥水管理：施催芽肥，灌催芽水。

果实枝蔓管理：硬枝嫁接，改接换种；枝蔓绑缚上架；露地扦插育苗；新建园的架材设置；第一次抹芽。

病虫害防治：萌芽期喷布低浓度的铲除剂。这次用药要特别仔细，时间要适当，以冬芽鳞片开裂尚未露绿为准。

新梢生长期

土肥水管理：追催条肥。

果实枝蔓管理：抹芽、定梢、引绑、除卷须、去副梢；开始绿枝嫁接。

病虫害防治：重点防治黑痘病，常用的药剂有多菌灵、霉能灵等。

开花期

土肥水管理：中耕除草，停止灌水。

果实枝蔓管理：花期新梢摘心、去卷须、处理副梢、绑蔓；喷硼砂溶液或植物生长抑制剂等提高葡萄坐果率；花序修整；无核化果实处理；绿枝嫁接。

病虫害防治：防治葡萄黑痘病、灰霉病和葡萄透翅蛾，常用的药剂有霉能灵、福星、速克灵等，一般要避开盛花期打药。

果实生长期

土肥水管理：施催果肥、灌催果水；锄草。

果实枝蔓管理：果穗修整、疏粒、顺穗；果实套袋；绿枝嫁接法繁殖苗木或品种更新；绑蔓、处理副梢。

病虫害防治：雨后及时喷药，防治葡萄黑痘病、炭疽病、白腐病、浮尘子等。常用的药剂有炭疽福美、福美双、福星、退菌特、大生等。

果实转色期

土肥水管理：果实着色期施肥（以磷钾肥为主）和灌水；锄草。

果实枝蔓管理：摘除果实周围的老叶片；发育枝和延长枝摘心；着色较难的品种应提前10~15天摘袋。

病虫害防治：防治炭疽病、白腐病、霜霉病、金龟子等，常用的药剂增加瑞毒霉、乙霜灵等。

采收期

土肥水管理：锄草准备基肥。

果实枝蔓管理：果实的采收与销售，苗木管理。

病虫害防治：防治炭疽病、白腐病、灰霉病、金龟子等。

采收后

土肥水管理：采收后的追肥与灌水；施基肥、灌水。

果实枝蔓管理：晚熟果实的贮藏。

病虫害防治：清除病果、彻底清园；重点防治灰霉病，保护好叶片预防早霜和突然降温时对葡萄的危害。

三、葡萄病虫害防治关键期和关键措施

（摘自农业部种植业管理司等编，葡萄标准园生产技术，2010）

霜霉病

防治关键期：叶片上有水、湿润时期（雨水、结露等）的规范保护。

关键措施：以保护剂为基础，配合施用内吸性药剂。

黑痘病

防治关键期：前期防治非常关键，要体现"早"字。芽后至开花前后的防治是防治黑痘病的关键。

关键措施：保护剂结合治疗剂；田间卫生有效；危害重的地块和某些品种（如红地球），注意夏秋梢的保护。

白腐病

防治关键期：落花后到封穗期的规范化保护和雹灾后的紧急处理；阻止白腐病孢子传播是最好的措施。

关键措施：封穗期到转色期是白腐病的发生期，但此时防治为时已晚。

炭疽病

防治关键期：发芽前的田间卫生措施；春季和初夏防止分生孢子器的形成；幼果期的保护；雨季的规范防治和果实套袋。

关键措施：田间卫生非常重要。

灰霉病

防治关键期：花前、花后、封穗前、转色期（及成熟期）是防治灰霉病的关键期。

关键措施：治疗剂与保护剂配合施用。

酸腐病

防治关键期：封穗期、着色期、成熟期（着色后 10～15 天）是控制关键期。

关键措施：控制果实伤害是基础；防病为主、病虫兼治是防治酸腐病的关键。

穗轴褐枯病

防治关键期：花序分离至开花前，是防治关键期，可以根据气候或品种施用 1～2 次杀菌剂。

关键措施：巨峰系品种感病。

褐斑病

防治关键期：是后期病害，但前期的规范化防治对其有效；注意果实采收后的防治。

关键措施：第一批老叶形成期使用的药剂能够兼治褐斑病，是防治的。

白粉病

防治关键期：发芽前后是防治最关键期；开花前后易形成第 1 个发病高峰；干旱地区、干旱季节和保护地栽培发病较严重。

关键措施：硫制剂是治疗白粉病的特效药剂。

缺硼

防治关键期：花序分离期、始花期（或开花前）、果实第 2 次膨大前后，是补硼的关键期。

关键措施：注意开花前后补硼。

绿盲蝽

防治关键期：发芽后到开花前。

关键措施：杀虫剂。

毛毡病

防治关键期：芽萌动到展叶前、开花前；干旱地区、干旱年份、干旱季节，容易较重发生。

关键措施：杀螨剂；摘除病叶也是非常有效的防控措施。

金龟子

防治关键期：花前、转色期，随见随治。

关键措施：杀虫剂、毒饵、诱捕器等。

介壳虫（远东盔蚧等）

防治关键期：芽前芽后、花前花后（幼虫孵化盛期）是用药关键期。

关键措施：卵的孵化盛期用药是关键；不同地区、同一地区的不同年份孵化盛期不同，请注意植保部门的预测预报。

叶蝉

防治关键期：发芽后及按照世代防控，干旱地区、干旱年份、干旱季节，容易较严重发生。

关键措施：杀虫剂。

葡萄短须螨

防治关键期：发芽前、后，开花前是最关键的防治期；干旱年份的 6 月底至 8 月也要注意防治。

关键措施：硫制剂和杀螨剂。

葡萄透翅蛾

防治关键期：花序分离期（内吸性杀虫剂）、落花后 10～20 天（有杀卵作用杀虫剂）。

关键措施：结合田间作业剪除虫枝、利用人工进行防治。

葡萄虎天牛

防治关键期：果实收获前后、3～4 叶期（至花序分离期）（内吸性杀虫剂）。

关键措施：被害处变黑，结合修剪剪除虫枝。

葡萄十星叶甲

防治关键期：花后至小幼果期。

关键措施：注意田间卫生。

四、葡萄各生育期病害防治关键点

（摘自农业部种植业管理司等编，葡萄
标准园生产技术，2010）

萌芽期（出土上架至芽变绿前）

防治对象：黑痘病、白粉病、白腐病等病害和锈壁虱、短须螨、介壳虫、叶蝉、绿盲蝽等虫害。

防治关键：杀灭越冬菌源、虫源，剥除老皮，施用杀菌剂；雨水较多地域或年份施用铜制剂；雨水少、干旱，施用硫制剂，如石硫合剂；特殊问题选择特殊药剂。

2～3 叶期

防治对象：黑痘病、白粉病、锈病、毛毡病等病害，短须螨、介壳虫、叶蝉、绿盲蝽等虫害。

防治关键：对于春雨较多的地区（如南方），此期是黑痘病发病期，也是多雨地区炭疽病的分生孢子器形成期、避雨栽培的白粉病发病初期等；是大多数虫害的防控适期。所以，一般情况应施用 1 次药剂。根据种类、品种和地域选择合适药剂。

花序分离期

防治对象：黑痘病、霜霉病、炭疽病、锈病、灰霉病、穗轴褐枯病、毛毡病等。

防治关键：是葡萄灰霉病和穗轴褐枯病的发病初期，也是多雨地区黑痘病、干旱地区白粉病发生期，还应特别注意春季多雨地区或年份霜霉病侵染花序。

开花前

防治对象：黑痘病、霜霉病、炭疽病、锈病、灰霉病、穗轴褐枯病等病害，蓟马、金龟子等虫害。

防治关键：此期防治重点为灰霉病、穗轴褐枯病和黑痘病，保证花期安全和授粉基数（基本穗型和丰产基数）。（开花前 1～2 天）推荐施用 1 次药剂和补硼。

落花后

防治对象：黑痘病、霜霉病、炭疽病、锈病、白腐病、穗轴褐枯病、灰霉病等。

防治关键：落花后是防治病害最关键的时期，应施用防治效果好、杀菌谱广的杀菌剂，还要针对性使用内吸性药剂。

小幼果期

防治对象：黑痘病、霜霉病、炭疽病、灰霉病、锈病、白腐病等。

防治关键：已到规范化防治的关键期，一般 7～12 天施 1 次药剂，施用 1～2 次优秀保护性杀菌剂。

大幼果期

防治对象：霜霉病、炭疽病、白腐病、黑腐病、房枯病等。

防治关键：在雨季初期，一般施用 1 次最优秀杀菌剂，并根据地区和品种进行调整。

封穗期

防治对象：酸腐病、霜霉病、炭疽病、白腐病等。

防治关键：此时期最大的威胁是酸腐病和霜霉病；白腐病发生严重地块或地区，应注意防控白腐病。

转色期

防治对象：酸腐病、灰霉病、霜霉病、炭疽病、白腐病、黑腐病、房枯病、褐斑病等。

防治关键：是防治灰霉病和酸腐病的关键期，也是葡萄整个防治的最关键期。对于炭疽病发生压力较大地区或地块，在葡萄转色初期施用 1 次防药剂；对于灰霉病发生严重的地区或品种，应施用 1 次防灰霉病药剂；对于酸腐病发生严重的地区或品种，应采取针对性措施；对于各种果实病害均发生比较严重的地块，在开始进入转色期时，应重点防控。

成熟期

防治对象：灰霉病、霜霉病、炭疽病、房枯病、黑腐病、褐斑病。

防治关键：尽量不使用药剂，如果病害压力大需要使用药剂，必须严格注意农药施用的安全间隔期。

采收后至落叶前

防治对象：霜霉病、褐斑病等。

防治关键：防止早期落叶，增加营养积累，促进枝条成熟和根系发展，减少越冬菌源。以铜制剂为主。

参 考 文 献

[1] 成卓敏主编. 新编植物医生手册. 北京：化学工业出版社，2008.
[2] 张国海，张传来主编. 果树栽培学各论. 北京：中国农业出版社，2008.
[3] 李学晨，范双喜主编. 园艺植物栽培学. 北京：中国农业大学出版社，2001.
[4] 郗荣庭主编. 果树栽培学总论. 第3版. 北京：中国农业出版社，2006.
[5] 张玉星主编. 果树栽培学各论　北方本. 北京：中国农业出版社，2003.
[6] 劳秀荣主编. 果树施肥手册. 北京：中国农业出版社，2000.
[7] 李传仁主编. 园林植物保护. 北京：化学工业出版社，2007.
[8] 韩召军主编. 植物保护学通论. 北京：高等教育出版社，2001.
[9] 王连荣主编. 园艺植物病理学. 北京：中国农业出版社，2003.
[10] 李怀方等编著. 园艺植物病理学. 第2版. 北京：中国农业大学出版社，2009.
[11] 高必达主编. 园艺植物病理学. 北京：中国农业出版社，2005.
[12] 北京农业大学、华南农业大学、福建农学院、河南农业大学主编. 果树昆虫学.
　　 第2版（下册）. 北京：中国农业出版社，1981.
[13] 韩召军，杜相革，徐志宏主编. 园艺昆虫学. 北京：中国农业大学出版社，2008.
[14] 薛东，郭小宓，周诗其编著. 果树病虫害田间识别及防治. 天津：天津教育出版
　　 社，1992.

参考文献

[1] ……
[2] ……
[3] ……
[4] ……
[5] ……
[6] ……
[7] ……
[8] ……
[9] ……
[10] ……
[11] ……
[12] ……
[13] ……